懒人百变快手菜

400款

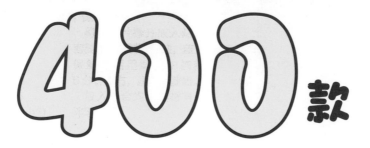

[日]阪下千惠 著

佟 凡 译

中国轻工业出版社

目 录

Part1

5 大人气料理

Part2 肉料理

Part3 鱼料理

推荐食材 5 鱼块

Part4 蔬菜料理

Part5

鸡蛋、豆制品料理

无论是现吃现做的快手菜，还是可以储存的常备菜，都能用推荐的食材快速完成

每天都很忙，没时间做饭

不想在休息日用一整天的时间做饭

又要工作又要带孩子，每天都筋疲力尽

不想让饿肚子的家人等太久，想马上完成

不知道买什么好，在超市里举棋不定

使用 15 种推荐食材，解决所有烦恼!

　　"简单、快速制作美食"，本书汇集的菜谱能够满足大家这个愿望。本书精选随时都能买到、方便使用的 15 种主要食材，按照食材分类推荐菜谱。本书选择的都是预处理方法便捷的食材，所以能迅速完成。

　　另外，如果想马上享用，可以参考双页的"快手菜"；想要储存起来以后再吃，可以参考单页的"常备菜"，根据个人需要选择。

有快速、足量、平底锅、微波炉、
凉拌和调味
5大类，可以根据需要选择!

使用冰箱里的茄子

今天想马上吃到

\\ 双页 //

快手菜

快速

马上就能
完成

足量

全家都
能吃饱

储存起来以后再吃

\\ 单页 //

常备菜

微波炉

用微波炉就能
完成

迅速翻炒
完成

平底锅

凉拌和调味

不用开火
就能完成

短时间就能完成

15 种推荐食材

本书选择了 15 种主要食材，都能够轻易买到并方便制作。

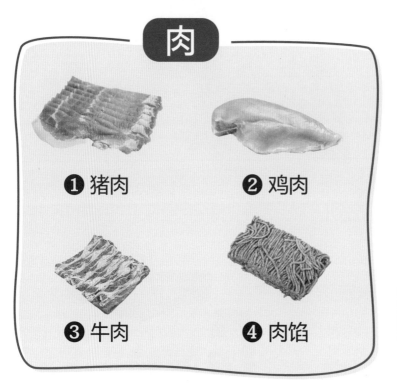

肉

❶ 猪肉

❷ 鸡肉

❸ 牛肉

❹ 肉馅

❻ 圆白菜

❿ 西蓝花

鱼

❺ 鱼块

三文鱼　　　　鲥鱼　　　　鳕鱼　　　　旗鱼

推荐重点

随时买到	不分季节，全年都能买到。
价格稳定	价格亲民，每天都可以食用。
方便处理	不需要复杂的预处理步骤，轻松完成。
口味百搭	都是普通食材，适合做成日式、中式、西式等各种口味。

蔬菜

❼ 豆芽

❽ 土豆

❾ 番茄、圣女果

⓫ 绿叶菜

⓬ 白萝卜

⓭ 茄子

⓮ 鸡蛋

⓯ 豆制品

豆腐　　　　油豆腐块　　　　油豆腐片

常备调味料、方便食材

常备调味料

除了酱油等基础调味料之外，
还有其他能够丰富味道的调味料。

蘸面汁
只用蘸面汁就能
调味，使用方便
的调味料

酸橙酱油
非常适合调制出
爽口的风味

烤肉酱
味道浓厚、适合
下饭

鱼露
有异国风味的调
味料

蚝油
只需一滴就能让
味道变得浓厚

盐曲
能够提高食材的
鲜味

进一步丰富味道的调味料

水煮番茄罐头
可以快速做出番茄炖
菜和番茄酱

白酱罐头
奶汁炖菜和奶油炖菜
用它能够更简单

干香草
让菜品的味道更丰富

柠檬汁
味道爽口，可以代替醋
使用

方便食材

想要增加分量或提味时使用的食材，
提前准备好能让烹饪变得更方便。

泡菜
可以制作凉菜，也可以炒菜，使用范围广

明太子、鳕鱼子
可以拌凉菜，也可以和蛋黄酱混合做成酱料

芝士
可以增加分量

盐渍海带
可以代替调味料，既能增加咸味也能增加鲜味

海米
料理最后撒上一些，就能让菜品更美味

鱼罐头
不需要进行复杂的预处理就能吃到鱼

混合豆类
有嚼劲，能增加料理分量

意大利面
不知道吃什么主食的时候，选择意大利面

有了这些食材会更方便

加工肉制品
味道浓郁，最适合作为便当的配菜

冷冻海鲜
既可以作为主菜，也可以作为配菜

鱼糕
价格便宜，鲜味十足

半成品蔬菜
节省了切菜的时间，能缩短烹饪时间

微波炉使用注意事项

用微波炉做菜的过程中，可以做其他事情，减轻了烹饪的负担。
使用时要遵守这些注意事项。

注意事项 ① 要使用耐热容器和耐热保鲜膜

一定要使用可以用微波炉加热的耐热容器和耐热保鲜膜。只要准备碗和盘子两种容器，就能加热几乎全部菜品。制作常备菜时会一次做很多，所以要准备大号容器。

注意事项 ② 汤汁较多的菜要放在较深的容器中

汤汁较多的菜要放在深碗中，让食材容易入味，使用较深的容器还能防止汤汁飞溅。还要注意使用比食材尺寸大一些的容器。加热后注意避免烫伤。

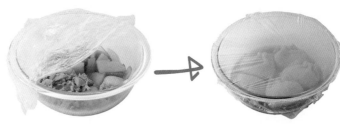

轻轻盖上耐热保鲜膜

需要入味的食材加热后静置、冷却

注意事项 ③ 汤汁较少的菜尽量摊开

汤汁较少的菜要摊开放在盘子中，更容易均匀受热。摆放时要注意避免重叠，食材之间留出空隙，蔬菜和调味料间隔放置，可以避免粘连。

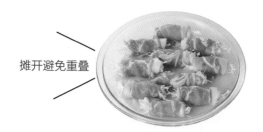

摊开避免重叠

微波炉加热时间

如没有特殊说明，则默认使用功率为600瓦的微波炉。功率为500瓦时，加热时间为原来的1.2倍；功率为700瓦时，加热时间为原来的80%。

500瓦	600瓦	700瓦
2分30秒	2分	1分40秒
3分40秒	3分	2分30秒
4分50秒	4分	3分30秒
6分	5分	4分
12分	10分	8分30秒

常备菜保存注意事项

以下是让常备菜保持美味的注意事项。
请根据菜品种类选择保存容器。

注意事项 ① 灵活选择保存容器

一定要将常备菜放在干净的容器中，不能直接放在锅或盘子里保存。

保鲜袋
菜品浸泡在汤汁中保存时很方便，不能重复使用，冷冻时要使用冷冻专用保鲜袋。

搪瓷容器
容易清洁，保冷效果好，不能用微波炉加热。

塑料保鲜盒
轻薄、便携，可直接放入微波炉加热，不可放入烤箱。

储存罐
可保存酱汁，方便好用。

注意事项 ②

冷却后再装入容器

食物温热时装入容器会导致细菌繁殖，要冷却后用干净筷子或勺子盛装，仔细密封后保存。

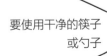

要使用干净的筷子或勺子

注意事项 ③ 冷藏或冷冻保存

严格执行冷藏或冷冻保存规则，要根据保存时间决定保存状态。解冻要使用微波炉，油炸食品建议稍解冻后烘烤加热。

 注意 白萝卜、土豆、鸡蛋、豆腐等食材不适合冷冻保存。

本书使用方法

双页为快手菜

单页为常备菜

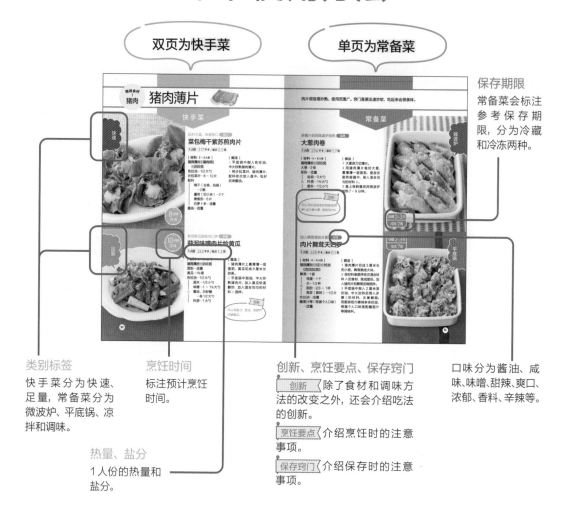

保存期限
常备菜会标注参考保存期限，分为冷藏和冷冻两种。

类别标签
快手菜分为快速、足量，常备菜分为微波炉、平底锅、凉拌和调味。

烹饪时间
标注预计烹饪时间。

热量、盐分
1人份的热量和盐分。

创新、烹饪要点、保存窍门

创新〈除了食材和调味方法的改变之外，还会介绍吃法的创新。

烹饪要点〈介绍烹饪时的注意事项。

保存窍门〈介绍保存时的注意事项。

口味分为酱油、咸味、味噌、甜辣、爽口、浓郁、香料、辛辣等。

本书规定

- 1大勺约为15毫升，1小勺约为5毫升，1杯约为200毫升，1碗约为180毫升。
- 无特殊说明时，酱油使用老抽，味噌选择喜欢的口味即可。
- 微波炉的加热时间以功率600瓦为准，功率为500瓦及700瓦请参考P12的表格。
- 不同厂家及型号的微波炉、烤箱加热时间不同，请根据情况自行调整。为防止受热不均，加热过程中请注意翻面、搅拌。
- 油炸时请注意调整火候，避免温度过高。
- 烹饪时间仅供参考，不含洗菜等预处理时间。
- 冷藏、冷冻保存时间仅供参考，请尽早食用。
- "2~3人份"的菜品所标的热量和盐分按照3人食用时每人的摄入量计算，"4~5人份"则按照5人食用时每人的摄入量计算。不包含根据个人喜好另行加入的材料。

Part1

5大人气料理

汉堡肉排、炸鸡、咖喱、饺子及姜汁烧肉是人气颇高的料理，本章将介绍这5种料理的快手菜和常备菜做法。使用不同的调味方法和食材组合，只需要一点点窍门，就能让味道发生翻天覆地的变化，反复吃也不会腻。用微波炉做成的汉堡肉排和不用动手包的平底锅饺子饼，都是可以立刻做好的快手菜。

汉堡肉排

快手菜

快速

足量

15分钟 完成

20分钟 完成

用白萝卜和酸橙酱油做成的简单菜品 **爽口**

日式微波炉汉堡肉排

1人份 322 千卡／盐分 1.3 克

| 材料·2人份（2个） |

A
- 猪肉馅
  （或混合肉馅）
  …200克
- 大葱（切碎）…1/2根
- 面包粉…1/2杯
- 鸡蛋…1个
- 盐…1/4小勺
- 胡椒…少许

白萝卜末…适量
青紫苏…2片
酸橙酱油…适量

| 做法 |

1 将材料 A 搅拌均匀，分成 2 等份，捏成圆饼。

2 放在耐热盘子上，盖上保鲜膜，用微波炉加热 5～8 分钟（四五分钟时翻面）。

3 撒青紫苏和白萝卜末，淋酸橙酱油。

创新

可以用黄油炒蘑菇代替青紫苏，将蘑菇放在汉堡肉排上。

做好后直接上桌 **浓郁**

平底锅烧芝士汉堡肉排

1人份 494 千卡／盐分 3.3 克

| 材料·2～3人份 |

A
- 混合肉馅…300克
- 洋葱（切碎）…1/5个
- 鸡蛋…1个
- 面包粉…1/2杯
- 盐…1/4小勺
- 胡椒…少许

西蓝花（生或冷冻）
  …6～9块（100克）
橄榄油…1小勺

B
- 料酒、水…各2大勺
- 番茄酱…1/4杯
- 伍斯特酱…1/2大勺

芝士…100克
黑胡椒碎（根据喜好）…适量

| 做法 |

1 将材料 A 放入平底锅中搅拌，做成厚 2 厘米的圆饼。

2 盖上盖子，中火加热两三分钟，上色后调小火，再加热两三分钟后翻面。

3 在汉堡肉排周围放西蓝花，淋橄榄油，盖上盖子，小火加热四五分钟。用厨房纸巾擦掉多余油，加入材料 B，中火炖煮，做熟后放芝士，根据喜好撒黑胡椒碎。

如果能做出更多种老少皆宜的汉堡肉排，家人一定会吃得很开心。只需要更换酱汁就能彻底改变料理的风味。

常备菜

意想不到的汉堡肉排 浓郁

番茄汉堡肉排

1人份 335 千卡 / 盐分 1.7 克

| 材料·4 ~ 5人份 |

混合肉馅…400克
洋葱（切碎）…1/3个
面包粉…1杯
A 鸡蛋…2个
牛奶…2大勺
盐…少于1/2小勺
胡椒…少许
胡萝卜…1/2根
洋葱…1/2个

B 牛肉高汤罐头
…1罐（290克）
水煮番茄罐头…1杯
酱油…1 ~ 1½小勺

| 做法 |

1 将材料 A 搅匀，分成 8 ~ 10 等份，做成圆饼。
2 胡萝卜切成 8 毫米厚的片，洋葱切成 8 ~ 10 等份的月牙形。
3 在耐热容器中加入材料 B 搅匀，放入步骤1、步骤2 的材料，盖上保鲜膜，用微波炉加热 17 ~ 20 分钟。

烹饪要点

摆放肉饼时中间要涂抹酱汁，防止粘连。

微波炉

冷藏 2~3日
冷冻 7周

冷藏 3~4日
冷冻 7周

平底锅

用番茄酱和伍斯特酱调味 浓郁

经典汉堡肉排

1人份 380 千卡 / 盐分 2.5 克

| 材料·4 ~ 5人份 |

混合肉馅…500克
洋葱（切碎）…1/3个
鸡蛋…2个
A 面包粉…1杯
牛奶…4大勺
盐…少于1/2小勺
胡椒…少许
橄榄油…2小勺

B 番茄酱…1/2杯
伍斯特酱、料酒
…各1/4杯
水…1/4 ~ 1/3杯
白砂糖…1/2小勺
淀粉…2/3小勺（加1/2
大勺水溶解）

| 做法 |

1 将材料 A 搅匀，分成四五等份，做成圆饼，中间稍微凹陷。
2 平底锅中倒入橄榄油，中火加热，放入肉饼后盖上盖子，轻微上色后翻面，小火加热 8 分钟左右（中间翻一次面）。
3 取出汉堡肉排，用厨房纸巾擦净平底锅，加入材料 B，中火煮至黏稠后淋在汉堡肉排上。

炸鸡

快速

15分钟
完成

可以作为主菜的沙拉　浓郁

炸鸡沙拉

1人份　280 千卡／盐分 1.7 克

| 材料·2～3人份 |

鸡腿肉…1块（250克）

A
- 酱油…1½ 大勺
- 料酒…1/2 大勺
- 蒜末…1/2 小勺
- 淀粉…2/3 大勺

淀粉…适量
色拉油…适量
煮鸡蛋…1个
嫩菜叶…1袋
番茄…1/2 个
喜欢的调味汁…适量

| 做法 |

1 鸡腿肉切成三四厘米见方的小块，再切薄片。和材料 A 一起装入保鲜袋中轻轻揉搓，沥干后抹淀粉。

2 在平底锅中倒入 2 厘米深的油，中火加热，放入步骤 1 的材料炸 4～6 分钟，中途翻面。取出肉块，用厨房纸巾吸油。

3 在容器中铺嫩菜叶，放入切成月牙形的番茄、步骤 2 的材料、切成 4 等份的煮鸡蛋，淋调味汁。

足量

20分钟
完成

充分包裹在酱汁中的下饭菜　甜辣

炸鸡块拌甜辣蔬菜

1人份　316 千卡／盐分 1.9 克

| 材料·2～3人份 |

鸡腿肉…1块（250克）

A
- 酱油…1½ 大勺
- 料酒…1/2 大勺
- 姜末、蒜末
  …各 1/2 小勺
- 淀粉…2/3 大勺

淀粉…适量
豆角…6根
红甜椒…1/2 个
色拉油…适量

B
- 酸橙酱油…2⅓ 大勺
- 白砂糖…少于 1 小勺
- 水…4 大勺
- 淀粉…1 小勺（加少量水溶解）

| 做法 |

1 鸡腿肉切成三四厘米见方的小块，然后切薄片。和材料 A 一起装入保鲜袋里轻轻揉搓，沥干后抹淀粉。豆角切成 2 段，红甜椒切成 1 厘米长的小段。

2 在平底锅中倒入 2 厘米深的油，中火加热，放入步骤 1 的材料炸 4～6 分钟，中途翻面。用厨房纸巾吸油。

3 擦净平底锅，加入搅拌均匀的材料 B，中火煮沸后加入步骤 2 的材料炖煮，让酱汁均匀裹在食材上。

鲜嫩多汁的炸鸡储存后依然能保持美味。
将炸鸡和其他食材搭配，就能做出分量十足的料理。

常备菜

微波炉

腌制入味后食用 （爽口）

微波炉炸鸡块配柠檬汁

1人份 341千卡 / 盐分1.9克

| 材料·4～5人份 |

鸡腿肉…2块（500克）

A
├ 酱油…1⅓大勺
├ 料酒…1⅔大勺
├ 淀粉…2/3大勺
└ 姜末…1/2大勺

淀粉…适量
色拉油…2½大勺
酱油…1小勺
红甜椒…1/3个
洋葱…1/3个

B
├ 柠檬汁、醋、橄榄油
│ …各2大勺
├ 白砂糖…少于1小勺
├ 盐…1/4小勺
└ 胡椒…少许

| 做法 |

1 鸡腿肉切成5厘米见方的块，和材料A一起装入保鲜袋里轻轻揉搓，沥干后抹淀粉。

2 在耐热容器中涂一层油，放入步骤1的材料拌匀。盖厨房纸巾后放入微波炉加热10～12分钟（七八分钟时翻面，淋酱油）。取出后放在厨房纸巾上吸油。

3 红甜椒和洋葱切丝，过水后沥干，用保鲜膜包好后加热20秒。

4 将步骤2和步骤3的材料混合后用材料B调味。

冷藏2～3日
冷冻7周

冷藏3～4日
冷冻7周

平底锅

用少量油就能轻松炸好 （酱油）

经典炸鸡块

1人份 270千卡 / 盐分1.8克

| 材料·4～5人份 |

鸡腿肉…2块（500克）

A
├ 酱油…3大勺
├ 料酒…1大勺
├ 姜末…1/2大勺
└ 淀粉…1½大勺

淀粉…适量
色拉油…适量

创新

可以在材料A中加一两小勺咖喱粉，调成咖喱味。

| 做法 |

1 鸡腿肉切成5厘米见方的块，和材料A一起装入保鲜袋里轻轻揉搓，沥干后抹淀粉。

2 在平底锅中倒入2厘米深的油，中火加热，放入步骤1的材料炸8分钟左右，注意颠锅。用厨房纸巾吸油。

3 咖喱

快手菜

快速

10分钟完成

开火后迅速完成 香料

蔬菜肉末咖喱

1人份 571千卡 / 盐分 2.3克

| 材料·2~3人份 |

混合肉馅…200克
洋葱…1/2个
混合蔬菜（冷冻）…1/3杯
橄榄油…1小勺

A「 水…1¼杯
 └ 咖喱块…3块（60克）

热米饭…2~3碗
（300~500克）

| 做法 |

1 洋葱切薄片。
2 在平底锅中倒入橄榄油，中火加热后翻炒肉馅和洋葱。肉变色后加入混合蔬菜和材料 A 煮沸，咖喱化开后煮 3~5 分钟至黏稠。
3 盛米饭，淋咖喱。

创新

将一半水换成番茄酱，味道更好、更营养。

足量

15分钟完成

入口即化、滋味浓郁 香料

肉馅菠菜咖喱多利亚饭

1人份 392千卡 / 盐分 0.8克

| 材料·2人份 |

猪肉馅…100克
菠菜…1束
洋葱…1/5个
橄榄油…1小勺

A「 白酱罐头
   …1/2罐（150克）
 │ 牛奶…2大勺
 │ 咖喱粉…2小勺
 └ 盐…少许

米饭…2~3碗
（300~500克）
芝士…100克

| 做法 |

1 菠菜切成 3 厘米长的小段，洋葱切薄片。
2 平底锅中倒入橄榄油，中火翻炒猪肉馅和洋葱。加入材料 A 搅拌，汤汁变黏稠后加入菠菜，煮一两分钟。
3 在耐热容器中盛入米饭，淋步骤 2 的材料，放上芝士，用烤箱烤 7 分钟左右，至芝士化开。

咖喱的香味能够激发食欲。既可以用咖喱块，也可以用咖喱粉，让味道有无限可能性。

常备菜

味道温和的咖喱酱令人上瘾 （香料）

微波炉黄油鸡肉咖喱

1人份 473 千卡 / 盐分 3.0 克

| 材料·4～5人份 |
鸡腿肉…3块（750克）
洋葱…2个
A
┌ 高汤…3/4杯
│ 咖喱粉
│   …2½ ～ 3大勺
│ 黄油…60克
│ 水煮番茄罐头…3/4杯
│ 姜末、蒜末
│   …各1/2小勺
└ 盐…2 ～ 3小勺
牛奶…1/4杯

| 做法 |
1 鸡腿肉去皮，去掉多余脂肪后切成2厘米见方的小块，洋葱切薄片，和材料A一起放入耐热容器中拌匀，盖上保鲜膜，用微波炉加热约25分钟（17 ～ 20分钟时搅拌一两次）。
2 加入牛奶，用微波炉加热三四分钟。

微波炉

冷藏 3日
冷冻 7周

番茄的味道是关键 （香料）

番茄肉片咖喱

1人份 361 千卡 / 盐分 2.2 克

| 材料·4～5人份 |
猪肉片…300克
洋葱…2个
胡萝卜…1根
番茄…1个
土豆…1 ～ 2个
橄榄油…1/2大勺
水…2½ 杯
咖喱块…100克

| 做法 |
1 猪肉片切成5厘米宽，洋葱切月牙形，胡萝卜和番茄切块，土豆去皮后分成4 ～ 6等份。
2 平底锅中倒入橄榄油，中火加热，放入步骤1中除番茄外的材料翻炒两三分钟。加入番茄和适量水后盖上盖子，小火煮约10分钟，煮至蔬菜变软。
3 关火，放入掰碎的咖喱块，边搅拌边小火煮至咖喱块化开、汤汁黏稠。

冷藏 2~3日
不可冷冻

平底锅

快手菜

快速

口感顺滑、百吃不腻 （爽口）

快煮饺子

1人份 221 千卡 / 盐分 2.9 克

| 材料·2～3人份（15个）|
圆白菜…1/8个（150克）
盐…1/6 小勺

A
┌ 猪肉馅…100克
│ 白菜（切碎）…35克
│ 姜末、淀粉、香油
│ 　…各1小勺
└ 蚝油…2小勺
饺子皮…15张
酱油、醋、辣椒油等
　…各适量

| 做法 |
1 圆白菜切碎后用盐腌制，用厨房纸巾包住，挤出水分。
2 将圆白菜和材料 A 搅拌均匀，取适量放在饺子皮上，对折包好。
3 水沸后放入饺子，煮约 4 分钟。装盘，调酱油、醋和辣椒油等。

15分钟
完成

17分钟
完成

不费吹灰之力 （浓郁）

足量

平底锅饺子饼

1人份 324 千卡 / 盐分 1.2 克

| 材料·2～3人份 |
白菜泡菜…100克
韭菜…1/2 把

A
┌ 猪肉馅…200克
└ 淀粉…1大勺
香油…1/2 大勺
饺子皮…17张
酱油、醋、辣椒油等
　…各适量

| 做法 |
1 白菜泡菜稍沥干后切碎，韭菜切成 5 毫米长的小段。
2 将步骤 1 的材料和材料 A 拌匀。
3 平底锅里倒香油，铺一半饺子皮，放一层步骤 2 的材料，约 2 厘米厚，铺平，盖上剩余的饺子皮。开中火，盖上盖子煎 4 分钟，至变色。将饺子倒在铺着烘焙纸的盘子上，然后将盘子倒扣在平底锅上，煎 4 分钟左右。装盘，调酱油、醋、辣椒油等。

（创新）

放入芝士可以增加分量。即将关火时放芝士，关火待其化开。

包饺子给人的印象是很费工夫，其实只要找到做饺子馅和包饺子的窍门，短时间就能做好。推荐全家人分工合作，享受愉快的团圆时光。

常备菜

用海米增加风味 酱油

微波炉蒸饺

1人份 198 千卡 / 盐分 1.3 克

| 材料·4～5人份（25个）|
圆白菜…1/8个（150克）
盐…1/4 小勺
　　猪肉馅…200克
　　海米…8克
A　大葱（切碎）…1/2根
　　姜末、香油…各1小勺
　　酱油、淀粉…各1大勺
饺子皮…25张
酱油、醋、辣椒油等
　　…各适量

| 做法 |
1 圆白菜切碎后用盐腌制，用厨房纸巾包住，挤出水分。
2 将步骤1的材料和材料A拌匀，用饺子皮包好。
3 在耐热容器中铺烘焙纸，放一半饺子，注意相互之间不要粘连。用喷壶喷水（或在盘子中淋1大勺水），盖上保鲜膜，用微波炉加热4分30秒左右。调酱油、醋、辣椒油等。

微波炉

冷藏 2~3日
冷冻 7周

和米饭、啤酒搭配合适 酱油

煎饺

1人份 226 千卡 / 盐分 1.4 克

| 材料·4～5人份（25个）|
圆白菜…1/6个（200克）
盐…1/3 小勺
　　猪肉馅…230克
　　姜末…1小勺
　　胡椒…少许
A　酱油…2小勺
　　料酒、淀粉、香油
　　　…各1小勺
饺子皮…25张
色拉油…1/2 小勺
香油…1大勺
酱油、醋、辣椒油等
　　…各适量

| 做法 |
1 圆白菜切碎后用盐腌制，用厨房纸巾包住，挤出水分。
2 将步骤1的材料和材料A拌匀，取适量放在饺子皮上，边缘涂清水后包好。
3 平底锅涂色拉油，摆好饺子后中火加热至底部略干，加水没过饺子1/3处，盖上盖子加热5～8分钟。水分基本蒸发后淋香油，煎至饺子出现焦痕。食用时调酱油、醋、辣椒油等。

冷藏 2~3日
冷冻 7周

平底锅

姜汁烧肉

快手菜

快速

柔和的酸味 爽口

番茄酸橙酱油风味姜汁烧肉

1人份 211千卡 / 盐分 0.5克

| 材料·2~3人份（15个）|
猪肉片…200~250克
番茄…1个（小）
色拉油…1小勺
A 酸橙酱油…1½大勺
白砂糖…1小勺
姜末…1小勺
莴苣叶…适量

| 做法 |
1 番茄切块。
2 平底锅里倒入色拉油，中火炒熟猪肉片后加入番茄、搅匀的材料 A，搅拌均匀。装盘，添加莴苣叶。

创新

也可以在用黄油煎过的猪肉片上淋番茄酸橙酱油。

7分钟完成

10分钟完成

足量

从味噌拉面中得到的灵感 味噌

北海道姜汁烧肉

1人份 322千卡 / 盐分 1.3克

| 材料·2~3人份 |
姜汁烧肉用猪肉
…6片（200~250克）
面粉…适量
洋葱…1/4个
豆芽…1/2包
玉米粒…1/4杯
色拉油…1/2大勺
A 味醂…2大勺
味噌…1大勺
酱油…1小勺
鸡精…1/2小勺
姜末、蒜末…各少许
黄油…3克

| 做法 |
1 猪肉裹一层薄薄的面粉，洋葱切薄片。
2 平底锅里倒入色拉油，中火翻炒猪肉。加入洋葱炒熟后加入豆芽和玉米粒，再炒一两分钟，加入混合好的材料 A 搅匀。

姜汁烧肉通常调成甜辣味，不过用酸橙酱油、味噌、盐曲调出的姜汁烧肉同样美味，是滋味十足的下饭菜。

常备菜

用盐曲调出温和的味道 咸味

盐曲姜汁烧肉

1人份 327千卡 / 盐分2.4克

| 材料·4人份 |

姜汁烧肉用猪肉（或猪肉片）
　…8片（约400克）
面粉…适量
洋葱…1/4个

A
盐曲…2大勺
味醂…1½大勺
酱油、料酒…1大勺
白砂糖…1/2大勺
姜末…1大勺

| 做法 |

1 用刀在猪肉肉筋部分划两三刀，裹薄薄一层面粉。洋葱切薄片。
2 将步骤1的材料铺在耐热容器中，注意猪肉不要重叠，洋葱均匀放在肉片间（可以加热两次，每次放一半）。
3 淋混合好的材料A，盖上保鲜膜，用微波炉加热5分钟，翻面后继续加热4～6分钟。

微波炉

冷藏 2~3日
冷冻 7周

味道浓郁、口感极佳 甜辣

经典姜汁烧肉

1人份 280千卡 / 盐分1.9克

| 材料·4～5人份 |

姜汁烧肉用猪肉
　…8～12片
　（400～500克）
面粉…适量
色拉油…1/2大勺

A
酱油…3½大勺
味醂、料酒…各3大勺
白砂糖…1大勺
姜末…1大勺

| 做法 |

1 用刀在猪肉肉筋部分划两三刀，裹薄薄一层面粉。
2 平底锅中倒入色拉油，中火加热后铺步骤1的材料。用铲子按压煎2分钟，出现焦痕后翻面再煎2分钟左右。
3 用厨房纸巾擦掉多余油，加入混合好的材料A，中火加热1分钟左右，让调料均匀裹在食材上，注意翻面。

平底锅

冷藏 3~4日
冷冻 7周

专栏1 轻松做米饭

如果在米饭中加入其他丰富的食材，那么一碗米饭就是一顿美餐。
为大家推荐放凉后依然美味的盖饭、拌饭和烩饭，既能做成饭团，又能做成便当。

盖饭

5分钟完成

蛋黄酱是关键　1人份　403 千卡 / 盐分 1.1 克

牛油果明太子盖饭

| 材料·1人份 |

热米饭…1碗（170克）
牛油果…1/4个
明太子…约2厘米长
蛋黄酱、酱油、海苔…各适量

| 做法 |

1 牛油果切成1厘米见方的小块。

2 盛好米饭，放上牛油果和明太子，淋蛋黄酱和酱油，撒上撕碎的海苔。

黏稠的美味让人欲罢不能　1人份　383 千卡 / 盐分 0.9 克

纳豆沙丁鱼盖饭

| 材料·1人份 |

热米饭…1碗（170克）
纳豆…1包
裙带菜…1包
沙丁鱼干…10克

| 做法 |

1 纳豆、裙带菜分别用包装中自带的调料拌匀。

2 盛好米饭，放上纳豆、裙带菜和沙丁鱼干。

3分钟完成

5分钟完成

香油激发食欲　1人份　331 千卡 / 盐分 0.7 克

泡菜黄瓜盖饭

| 材料·1人份 |

热米饭…1碗（170克）
白菜泡菜…30克
黄瓜…1/2根
香油、白芝麻…各适量

| 做法 |

1 黄瓜拍扁，切成适口大小。

2 盛好米饭，放上拍黄瓜、切成适口大小的白菜泡菜，淋香油，撒白芝麻。

可直接使用三文鱼片　1人份　379千卡／盐分1.6克

芥菜三文鱼拌饭

| 材料·2人份 |

热米饭…2碗（350克）
腌芥菜（切碎）…30克
三文鱼…1块

| 做法 |

1 三文鱼加热后切开。
2 在米饭中加入三文鱼和腌芥菜后搅拌均匀。

10分钟
完成

发挥黑胡椒的香味　1人份　397千卡／盐分0.5克

培根玉米粒拌饭

| 材料·2人份 |

热米饭…2碗（350克）
培根…1片
玉米粒…40克
黄油…8克
黑胡椒碎…少许

| 做法 |

1 培根切成1厘米长的小段。
2 平底锅中加入黄油，中火加热，翻炒培根、玉米粒。
3 在米饭中加入步骤2的材料搅拌，撒黑胡椒碎。

5分钟
完成

推荐做成饭团　1人份　328千卡／盐分0.5克

毛豆红藻拌饭

| 材料·2人份 |

热米饭…2碗（350克）
毛豆（冷冻、带皮）
　…40～50克
红藻…1小勺

| 做法 |

1 解冻毛豆，去皮。
2 将米饭和毛豆、红藻搅拌均匀。

3分钟
完成

充满蘑菇的鲜香　1人份　337千卡／盐分1.3克

蘑菇鸡肉烩饭

| 材料·2碗 |

大米…300克
鸡肉馅…100克
舞茸…1/2包
蘑菇…1/2包
油豆腐片…1/2片
A｜酱油…2大勺
　｜料酒…1大勺
　｜姜末…1/2小勺

| 做法 |

1 将洗净的大米和材料 A 放入电饭锅，加适量水浸泡30分钟。
2 舞茸撕开，蘑菇去根后分成小朵。油豆腐片切成2厘米长的小段。
3 在大米上放入步骤2的材料和鸡肉馅，用电饭锅煮好后搅匀。

5分钟
完成

烩饭也能交给电饭锅　1人份　289千卡／盐分1.5克

大虾香肠西式烩饭

| 材料·2碗 |

大米…300克
虾…150克
香肠…2根
洋葱（切碎）…2大勺
盐、胡椒…各少许
A｜番茄酱…6大勺
　｜伍斯特酱…1小勺
　｜黄油…5克
　｜固体浓汤宝…1个
干芹菜末（根据个人口味）
　…适量

| 做法 |

1 将洗净的大米和材料 A 放入电饭锅，加适量水分浸泡30分钟。
2 虾上撒盐、胡椒，香肠切成1厘米厚的片。
3 在大米上铺上步骤2的材料和洋葱，用电饭锅煮好后搅匀，根据个人口味撒干芹菜末。

8分钟
完成

像糯米红豆饭一样丰盛　1人份　331千卡／盐分1.8克

中式叉烧大葱烩饭

| 材料·2碗 |

大米…300克
叉烧（市售）…80克
胡萝卜…1/6根
大葱（切碎）…10厘米
A｜酱油、料酒、蚝油
　｜…各1大勺
　｜香油…1小勺
　｜姜末…1/2小勺
　｜鸡精…1/3小勺

| 做法 |

1 将洗净的大米和材料 A 放入电饭锅里，加适量水浸泡30分钟。
2 叉烧和胡萝卜切成1厘米见方的小块。
3 大米上铺上步骤2的材料和大葱，用电饭锅煮好后搅匀。

8分钟
完成

Part2

肉料理

使用餐桌上不可或缺的鸡肉、猪肉、牛肉、肉馅做成的快手菜和常备菜。用肉片可以做成叉烧和炸肉排，或包在蔬菜中增加分量，本章中汇集了这些既能短时间完成又好吃的创意菜谱。如果能做出更多种能立刻填饱家人肚子的肉料理，就不用再为做什么而烦恼了。

推荐食材 1 猪肉

猪肉薄片

快手菜

快速

8分钟完成

配料丰富、味道爽口　（爽口）

菜包梅干紫苏煎肉片

1人份　217千卡／盐分2.0克

| 材料·2~3人份 |

猪肉薄片（涮肉用）
…200克

色拉油…1/2大勺

沙拉菜叶…8~12片

配料

梅干（去核、拍扁）
…2颗

襄荷（切小块）…2个

青紫苏…6片

白萝卜末…适量

酱油…适量

| 做法 |

1 平底锅中倒入色拉油，中火炒熟猪肉薄片。

2 将沙拉菜叶、猪肉薄片、配料依次放入盘中，包好后淋酱油。

10分钟完成

足量

享受黄瓜脆脆的口感　（味噌）

蒜泥味噌肉片炒黄瓜

1人份　242千卡／盐分1.2克

| 材料·2~3人份 |

猪肉薄片…200克

面粉…适量

黄瓜…1½根

色拉油…1/2大勺

A

蒜末…1/3小勺

味噌…1~1½大勺

酱油、白砂糖
…各1/2大勺

料酒…1大勺

| 做法 |

1 猪肉薄片上裹薄薄一层面粉，黄瓜切成6厘米长的条。

2 平底锅中倒油，中火炒熟猪肉片，加入黄瓜快速翻炒，加入混合均匀的材料A搅拌。

创新

可以用茄子、苦瓜、西葫芦代替黄瓜。

肉片很容易炒熟，使用范围广。窍门是要迅速炒软，吃起来会很美味。

常备菜

淋酱汁后用微波炉加热 **咸味**

大葱肉卷

| 1人份 234 千卡 / 盐分 1.7 克 |

| 材料·4～5人份 |

猪肉薄片…350克
大葱…2根
面粉…适量

A
| 盐曲…3大勺
| 料酒…1½大勺
| 姜末…1/2小勺

创新

可以用切成细条的甜椒或胡萝卜丝代替大葱，卷进肉片中。

| 做法 |

1 大葱斜刀切薄片。
2 用猪肉薄片卷好大葱，裹薄薄一层面粉，摆放在耐热容器中，淋入混合均匀的材料 A。
3 盖上保鲜膜后用微波炉加热 7～9 分钟。

微波炉

冷藏 2~3日
冷冻 7周

加入舞茸增加分量 **浓郁**

肉片舞茸天妇罗

| 1人份 425 千卡 / 盐分 0.1 克 |

| 材料·4～5人份 |

猪肉薄片…12～16片
（约300克）
舞茸…1袋

A
| 鸡蛋…1个
| 水…1/2杯
| 面粉…2/3～1杯
| 海苔（撕碎）…1/2片
色拉油…适量
蘸面汁等（根据个人口味）
　…适量

| 做法 |

1 猪肉薄片切成 3 厘米长的小段，舞茸撕成大块。
2 按材料表顺序依次混合材料 A 的食材，做成面坯。加入猪肉片和舞茸后稍搅拌。
3 平底锅中倒入 2 厘米深的油，中火加热后倒入步骤 2 的材料，注意翻面。用厨房纸巾擦掉多余的油，根据个人口味搭配蘸面汁等调味料。

冷藏 2~3日
冷冻 7周

平底锅

快速

5分钟
完成

煮熟后就能吃 爽口

快手锅

1人份 210 千卡 / 盐分 0.7 克

| 材料·2～3人份 |
猪肉薄片（涮肉用）
　…200克
菠菜…1把（200克）
　水…3杯
　料酒…1½ 大勺
A　日式高汤颗粒…1大勺
　姜汁…1/2 小勺
酸橙酱油、芝麻酱、葱、姜
等（根据个人口味）
　…各适量

| 做法 |
1 菠菜切成两半。
2 锅中放入材料 A，中火煮沸后调小火，煮猪肉薄片和菠菜。根据个人口味蘸酸橙酱油、芝麻酱，加葱、姜等。

创新

菠菜可以用水菜代替，加入豆腐可以增大分量。

8分钟
完成

足量

小孩大人都喜欢 浓郁

番茄肉片

1人份 252 千卡 / 盐分 0.7 克

| 材料·2～3人份 |
猪肉薄片…200克
洋葱…1/2 个
豆角…6根
橄榄油…1/2 大勺
　番茄酱…4大勺
　料酒…2大勺
A　伍斯特酱…1/2 大勺
　盐、胡椒…各少许

| 做法 |
1 洋葱切薄片，豆角切成两半。
2 平底锅中倒入橄榄油，中火加热，铺猪肉薄片，放洋葱、豆角翻炒。
3 加入材料 A 搅拌均匀。

创新

加上一块膨松的炒鸡蛋也很美味。

切碎的榨菜是重点 **咸味**

豆芽榨菜肉片

1人份　222千卡／盐分1.1克

| **材料·4～5人份** |
| 猪肉薄片···300克 |
| 豆芽···1袋（200克） |
| 盐、胡椒···各少许 |
| 料酒···1大勺 |
| A { 榨菜（切碎）···2大勺　香油···2大勺　鸡精···1小勺 |

| **做法** |
1 猪肉薄片切成4～6厘米长的小段，放入耐热容器中，加盐、胡椒、料酒，盖上保鲜膜，用微波炉加热四五分钟。
2 豆芽放入耐热容器中，盖上保鲜膜，用微波炉加热3分钟，挤出水分。
3 将步骤1和步骤2的材料拌匀，加材料A。

微波炉

冷藏 2~3日
冷冻 7周

适合作为便当配菜 **酱油**

黄油酱油味鸡蛋肉卷

1人份　345千卡／盐分1.6克

| **材料·4～5人份** |
| 猪肉薄片···9～15片 |
| （300～350克） |
| 煮鸡蛋···9个 |
| 面粉···适量 |
| 色拉油···1/2大勺 |
| A { 酱油···2½～3大勺　料酒···2大勺　白砂糖···1大勺　黄油···8克 |

| **做法** |
1 用猪肉薄片包裹煮鸡蛋，裹一层面粉。
2 平底锅中倒入色拉油，中火加热，将鸡蛋肉卷摆入锅中，肉片接口处朝下，盖上盖子小火加热，注意翻动，让整体均匀受热。
3 擦净多余的油，加入材料A搅拌。

冷藏 2~3日
不可冷冻

平底锅

猪五花肉片

快手菜

10分钟
完成

芥末味道很浓 （味噌）

芥末醋味噌菠菜五花肉

1人份 255 千卡 / 盐分 1.0 克

| 材料·2～3人份 |

猪五花肉片…160克
菠菜…1把（200克）
盐…少许
料酒…1大勺

A
味噌…1大勺
醋、白砂糖…各1小勺
芥末…1/3小勺
日式高汤颗粒
…1/2小勺

烹饪要点

将菠菜、猪肉片依次用同一锅热水焯，效率更高。

| 做法 |

1 菠菜洗净，用保鲜膜包好，用微波炉加热1分钟左右，变软后放在水中冷却，挤出水分后切成4厘米长的段。

2 猪五花肉片切4厘米宽，放入耐热容器中，加盐和料酒，盖上保鲜膜后放入微波炉加热4分钟左右，沥干多余汁水。

3 混合步骤1和步骤2的材料，加入材料A拌匀。

10分钟
完成

足量

就算没有肉块也可以做叉烧 （浓郁）

五花肉叉烧卷

1人份 366 千卡 / 盐分 2.3 克

| 材料·2～3人份 |

猪五花肉片…8片
（250克～280克）

A
蘸面汁（2倍浓缩）
…1/4杯
伍斯特酱…1大勺
香油…1/2小勺
鸡精…1/3小勺
蒜末…1/4小勺

| 做法 |

1 将两片猪五花肉叠放，卷起后用牙签固定。

2 将猪肉卷和材料A拌匀后放在较深的耐热碗中，盖上保鲜膜，用微波炉加热5分钟左右。拔出牙签，切成两半。

猪五花肉脂肪多，味道醇厚鲜美，推荐和蔬菜一起烹饪，让蔬菜吸收肉汁。

常备菜

微波炉

塞紧保持不变形 咸味

微波炉五花肉圆白菜千层酥

1人份 351千卡／盐分 0.4 克

| 材料·3～4人份 |
猪五花肉片…300克
圆白菜…1/3个（400克）
┃ 橄榄油…1½大勺
A 料酒…1大勺
┃ 盐、胡椒…各少许
黑胡椒…少许
芝麻酱、酱汁等（根据个人
　口味）…适量

| 做法 |
1 剥下圆白菜叶，中间加入
猪五花肉片，切成长6厘米、
宽5厘米的块，塞进较深
的耐热容器中，放材料A
和黑胡椒。
2 盖上保鲜膜，用微波炉
加热10分钟左右。根据个
人口味蘸芝麻酱和酱汁。

烹饪要点

要使用可以微波炉加热的耐
热容器。

冷藏 2~3日
冷冻 4周

冷藏 2~3日
冷冻 7周

平底锅

茄子吸收猪肉的香味 浓郁

茄子五花肉卷

1人份 293千卡／盐分 0.8 克

| 材料·4～5人份 |
猪五花肉片…300克
茄子…3个
面粉…适量
香油…1大勺
┃ 伍斯特酱…2大勺
A 料酒…1大勺
┃ 姜末…1/2小勺

| 做法 |
1 茄子纵向切成4～6等
份，用猪五花肉片卷好，裹
一层面粉。
2 平底锅中倒入香油，中火
加热，放入茄子肉卷，肉片
接口处朝下，转小火，注意
翻动，让整体均匀受热。
3 用厨房纸巾擦净多余油，
加材料A搅拌。

快速

10分钟完成

用微波炉迅速完成 （咸味）

芦笋鱼糕肉卷

1人份　385 千卡 / 盐分 1.8 克

| 材料·2～3人份 |

猪五花肉片
　…4片（约200克）
鱼糕…4根
芦笋…2根
盐、胡椒…各少许
料酒…1½大勺
番茄酱、蛋黄酱（根据个人口味）…各适量

| 做法 |

1 用削皮器刮掉芦笋根部的皮，切成两段后插入鱼糕中间的孔里。

2 卷上猪五花肉片，摆在耐热容器中，放盐、胡椒、料酒，盖上保鲜膜，用微波炉加热5～8分钟，注意翻面。

3 切成适口大小，根据个人口味加番茄酱和蛋黄酱。

12分钟完成

用辣味噌提味 （辛辣）

圆白菜回锅五花肉

1人份　270 千卡 / 盐分 1.7 克

足量

| 材料·2～3人份 |

猪五花肉片…150克
圆白菜…1/8个（150克）
青椒…2个
香油…1大勺

A
　味噌…1½大勺
　豆瓣酱…1/2小勺
　伍斯特酱…1/2大勺
　蒜末…1/4小勺
　味醂…1小勺
　淀粉…1/4小勺
　（加1小勺水溶解）

| 做法 |

1 猪五花肉片切成5厘米宽，圆白菜和青椒切块。

2 平底锅中倒入香油，中火翻炒猪肉片，变色后加入圆白菜和青椒。

3 加入混合均匀的材料A翻炒。

微波炉

冷藏 3~4 日
不可冷冻

冷藏 2~3 日
不可冷冻

平底锅

冷却入味 酱油
白萝卜炖五花肉

1人份　260 千卡 / 盐分 1.8 克

| 材料·4～5人份 |

猪五花肉片…200克
白萝卜…1/2根（400克）

A
- 水…1杯
- 日式高汤颗粒…1小勺
- 酱油…3½大勺
- 料酒、味醂…各2大勺
- 姜末、香油…各1小勺

| 做法 |

1 猪五花肉片切成 5 厘米宽，白萝卜切成 1 厘米厚的半圆片（或扇形）。

2 将步骤 1 的材料和材料 A 放入耐热碗中，盖上保鲜膜，用微波炉加热 25～30 分钟（17～20 分钟时上下翻动一次），冷却入味。

同时使用烤肉酱和韩式辣酱 甜辣
韩式小松菜炒五花肉

1人份　286 千卡 / 盐分 1.8 克

| 材料·4～5人份 |

猪五花肉片…250克
小松菜…1/2把
香菇…3片
粉丝（泡开）…60克
香油…1½大勺

A
- 烤肉酱（市售）…3大勺
- 韩式辣酱…2大勺
- 蒜末…1/2小勺
- 淀粉…1/2大勺（加1大勺水溶解）

| 做法 |

1 猪五花肉片切成 4 厘米宽，小松菜切成 4 厘米长的段，香菇去蒂后切成 5 毫米厚的片，粉丝切成三四段。

2 平底锅中倒入香油，中火翻炒猪肉片，依次放入香菇、小松菜炒软后放入粉丝和材料 A，搅拌均匀。

烹饪要点

推荐使用短粉丝，可以省去切粉丝的时间。

猪碎肉

快速

10分钟完成

加入烤成焦黄色的猪肉　爽口

香脆沙拉

1人份　234 千卡 / 盐分 0.3 克

| 材料·2～3人份 |
猪碎肉…200克
番茄…1/2个
煮鸡蛋…1个
盐、黑胡椒…各少许
生菜…1/6个
橄榄油…1/2大勺
嫩菜叶…适量
酱汁（根据个人口味）
　…适量

| 做法 |
1 生菜洗净、沥干，撕成适口大小。番茄切月牙形，煮鸡蛋切片。
2 猪碎肉上撒盐和黑胡椒，平底锅中倒入橄榄油，加热后放猪碎肉，大火烤至焦黄。
3 在盘中摆好嫩菜叶、步骤1和步骤2的材料，淋酱汁。

足量

15分钟完成

做成摆满食材的比萨形状　浓郁

肉碎比萨

1人份　336 千卡 / 盐分 1.1 克

| 材料·2～3人份 |
猪碎肉…250克
青椒…1个
香肠…2根
橄榄油…1小勺
盐、胡椒…各少许
番茄酱…1½大勺
芝士…60克
黑胡椒（根据个人口味）
　…适量

| 做法 |
1 青椒切薄片，香肠斜刀切片。
2 平底锅中涂橄榄油，猪碎肉铺成圆饼形并压紧，撒盐和胡椒。用木铲按压，中火煎3～5分钟，煎成焦黄色后翻面，继续加热。
3 放番茄酱和芝士，铺上步骤1的材料后盖上盖子，小火加热至芝士化开。装盘，切成适口大小，根据个人口味撒黑胡椒。

猪碎肉是每天都能出现在餐桌上的万能食材。
烤、煮、炒均可，请尽情享用吧!

常备菜

加入猪肉提升满足感 `浓郁`

肉碎煮萝卜干

1人份 124 千卡 / 盐分 1.6 克

| 材料·4~5人份 |
猪碎肉…160克
白萝卜干…40克
胡萝卜…1/2根

A
蘸面汁（2倍浓缩）
…1/2杯
水…1/3杯
料酒…1大勺
白砂糖…1/2大勺

| 做法 |
1 猪碎肉切成 3 厘米见方，
白萝卜干泡水，沥干后切成
三四等分。胡萝卜切条。
2 将材料 A 放入耐热碗中，
加步骤 1 的材料，混合均匀。
3 盖上保鲜膜，用微波炉
加热10分钟左右至肉熟透、
白萝卜干变软（中途搅拌
一次）。

微波炉

冷藏 3~4 日
冷冻 7 周

松软的鸡蛋味道温和 `咸味`

盐曲味肉炒豆苗

1人份 211 千卡 / 盐分 1.4 克

| 材料·4~5人份 |
猪碎肉…300克
豆苗…1包
鸡蛋…2个
盐、胡椒…各少许
色拉油…1大勺

A
盐曲…2大勺
料酒…1大勺
酱油…1小勺

| 做法 |
1 豆苗去根，猪碎肉上撒
盐和胡椒，鸡蛋打散。
2 平底锅中倒入 1/2 大勺色
拉油，中火翻炒猪肉，炒熟
后拨到锅边，加 1/2 大勺色
拉油后炒鸡蛋。
3 加入豆苗和材料 A 翻炒
均匀。

冷藏 2~3 日
冷冻 7 周

平底锅

快速

可以做成盖浇饭 酱油

蘸面汁鸡蛋炖肉

1人份 268千卡 / 盐分 1.4克

| 材料·2～3人份 |

猪碎肉…200克
大葱…1/2根
鸡蛋…3个
A 蘸面汁（2倍浓缩）…1/2杯
水…4大勺
白砂糖…1小勺
小葱（切小段）…适量

| 做法 |

1 大葱斜刀切薄片，鸡蛋打散。

2 将大葱、猪碎肉和材料A放进平底锅中，中火加热三四分钟，过程中轻压猪碎肉。

3 倒入蛋液，煮1分钟后关火。盖上盖子，用余温将鸡蛋做成自己喜欢的软硬度。装盘，撒小葱。

8分钟完成

10分钟完成

足量

用蚝油增加浓度 辛辣

豆芽韭菜炒肉

1人份 210千卡 / 盐分 1.0克

| 材料·2～3人份 |

猪碎肉…200克
韭菜…1把
豆芽…1/2袋
白菜泡菜…80克
香油…1/2大勺
蚝油…1/2大勺

| 做法 |

1 韭菜切成6厘米长的段，豆芽洗净后沥干，白菜泡菜切成适口大小。

2 平底锅中倒入香油，中火将猪碎肉翻炒变色后加入韭菜、豆芽和白菜泡菜，加蚝油炒匀。

创新

推荐加入乌冬面，做成乌冬炒面。可以增加蚝油的用量调味。

用橄榄油提香 爽口
芝士番茄炖肉

1人份 285 千卡 / 盐分 0.7 克

| 材料 · 4 ~ 5人份 |
猪碎肉…400克
圣女果…10 ~ 12 个
洋葱…1/4 个
盐、胡椒…各少许
料酒…1大勺

A
- 橄榄油…3½ 大勺
- 柠檬汁（或醋）…1½ 大勺
- 芝士粉…1大勺
- 酱油…1/2 小勺
- 盐、黑胡椒…各少许

| 做法 |
1 洋葱切薄片。
2 在耐热容器中摆好猪碎肉和洋葱，放盐、胡椒、料酒，盖上保鲜膜，微波炉加热 10 分钟左右，散热后沥去汤汁。
3 加入圣女果和材料 A 拌匀。

创新
加入撕碎的生罗勒叶可以增加风味。

微波炉

冷藏 2~3日
不可冷冻

卷起猪肉增加分量 浓郁
双色糖醋里脊

1人份 256 千卡 / 盐分 1.9 克

| 材料 · 4 ~ 5人份 |
猪碎肉…350克
盐、胡椒…各少许
淀粉…适量
青椒…3个
洋葱…1/2 个
香油…1½ 大勺

A
- 水…3/4 杯
- 白砂糖、醋…各3大勺
- 番茄酱…2 大勺
- 酱油…1½ 大勺
- 料酒…1大勺
- 鸡精…1小勺
- 姜末…1/2 小勺
- 淀粉…1大勺（加少许水溶解）

| 做法 |
1 猪碎肉切成适口大小，团成丸子形，撒盐、胡椒、淀粉。青椒切块，洋葱切成月牙形。
2 平底锅中加入香油，中火将猪碎肉双面煎至变色。加入青椒、洋葱翻炒熟后加入混合均匀的材料 A，煮至汤汁黏稠。

平底锅

冷藏 2~3日
冷冻 7周

41

猪肉厚片

快速

撒上满满的芝士　味噌

味噌烤肉

1人份　282 千卡／盐分 1.4 克

| 材料·2～3人份 |
猪肉厚片…6～9片
大葱…1/3根
味噌…1/2大勺
芝士…100克

| 做法 |
1 大葱切小段。
2 在烤盘（或不粘锅）上涂色拉油（材料外），放入猪肉厚片，放味噌、大葱、芝士。
3 用烤箱烤 10 分钟左右。

创新
可以和生菜叶、番茄一起夹在面包里做成三明治。

12分钟完成

用平底锅轻松完成　浓郁

平底锅炸猪排

1人份　370 千卡／盐分 1.0 克

| 材料·2～3人份 |
猪肉厚片…8片
青紫苏…4～5片
盐、胡椒…各少许
A　｜ 鸡蛋…1个
　　面粉…4大勺
　　｜ 水…1大勺
面包粉…适量
色拉油…适量
酱汁（根据个人口味）…适量
圆白菜丝、柠檬等（根据个人口味）…各适量

| 做法 |
1 用两片猪肉夹紧撕成两半的青紫苏，在两面分别撒盐、胡椒，裹混合好的材料 A 和面包粉。
2 平底锅中倒入 2 厘米左右深的油，放入猪排，中火炸 5～8 分钟，注意翻面。
3 切成适口大小后装盘，淋酱汁。搭配圆白菜丝、柠檬等配菜。

15分钟完成

足量

使用较厚的猪肉片，让料理显得更加丰盛。
是能够让日常的餐桌提升档次的食材。

微波炉

大块圆白菜分量十足 咸味

圆白菜肉片浓汤

1人份 160 千卡 / 盐分 0.8 克

| 材料·4～5人份 |
猪肉厚片…8片
圆白菜…1/4个（300克）
胡萝卜…1根
洋葱…1/2个
A ┌ 水…3杯
  └ 固体浓汤宝…2个

烹饪要点

铺肉片时注意不要重叠，中间夹蔬菜。

| 做法 |
1 猪肉厚片切成两三等份，圆白菜切成 4 等份，胡萝卜切成 1 厘米厚的片，洋葱切成 2 厘米宽的月牙形。
2 将步骤 1 的材料和材料 A 装入耐热碗中，盖上保鲜膜，用微波炉加热 20 分钟左右。

冷藏 2~3日
冷冻 7周

冷藏 2~3日
冷冻 7周

平底锅

充满蘑菇的鲜味 浓郁

奶油蘑菇煎肉片

1人份 272 千卡 / 盐分 1.2 克

| 材料·4～5人份 |
猪肉厚片…8～12片
洋葱…1个
蘑菇…1袋
口蘑…1袋
盐、胡椒…各少许
面粉…适量
黄油…10克
A ┌ 白酱罐头
  │   …1/2罐（150克）
  │ 牛奶…1杯
  │ 料酒（或白葡萄酒）
  │   …2大勺
  └ 盐、胡椒、酱油
      …各少许
黑胡椒碎（根据个人口味）…适量

| 做法 |
1 猪肉厚片上撒盐、胡椒和面粉，洋葱、蘑菇切薄片，口蘑去蒂后切开。
2 平底锅中放入黄油，中火加热化开后放猪肉，用木铲按压，煎至变色后翻面。在锅中空余处放入洋葱、口蘑和蘑菇，炒 3～5 分钟，至食材变软。
3 加入材料 A，搅拌并炖至黏稠，根据个人口味撒黑胡椒碎。

43

鸡腿肉

快手菜

快速

加入豆瓣酱，做成辛辣味 `辛辣`

鸡肉炒藕片

1人份 226 千卡 / 盐分 1.5 克

| 材料·2~3人份 |

鸡腿肉…1块（250克）
莲藕…100克
盐、胡椒…各少许
面粉…适量
香油…1/2大勺
A ┌ 醋…1½大勺
  │ 酱油…1大勺
  │ 白砂糖…1/2大勺
  └ 豆瓣酱…1/2小勺

| 做法 |

1 鸡腿肉切成 5 厘米见方的块，撒盐、胡椒，裹面粉。莲藕带皮切成 4 毫米厚的半圆形。

2 平底锅中倒入香油，中火加热后皮朝下放入鸡腿肉，加入藕片。鸡肉变色后翻面，盖上盖子，注意经常打开盖子翻炒。

3 用厨房纸巾擦去多余油，加材料 A 炒匀。

12分钟完成

20分钟完成

足量

热气腾腾的土豆和浓厚的酱汁 `浓郁`

鸡肉土豆奶汁烤菜

1人份 414 千卡 / 盐分 2.1 克

| 材料·2~3人份 |

鸡腿肉…1块（250克）
土豆…1个
洋葱…1/3个
黄油…8克
盐、胡椒…各适量
水…1/3杯
A ┌ 白酱罐头
  │   …1罐（300克）
  │ 牛奶…2~3大勺
  └ 盐、胡椒…各少许
芝士…70克

| 做法 |

1 鸡腿肉切成 4 厘米见方的块，厚的部位切开，撒盐和胡椒。土豆去皮后切成 4 毫米厚的片，洋葱切薄片。

2 平底锅中放入黄油，中火加热后翻炒步骤 1 的材料，加水后煮四五分钟。土豆软后开盖，让水分稍蒸发。

3 加入材料 A 搅拌，煮至黏稠。盛入耐热盘子中，放芝士，用烤箱加热至微焦。

鸡腿是鸡肉中脂肪含量较高、鲜嫩多汁的部位。有嚼劲，很适合调成浓郁的味道。要充分利用超市里切好块的鸡腿肉。

常 备 菜

根菜用微波炉制作更易入味 酱油

鸡肉根菜筑前煮

1人份 268 千卡 / 盐分 2.1 克

| 材料·4～5人份 |

鸡腿肉…2块（500克）
胡萝卜…1/2根
牛蒡…2/3根
魔芋…180克

A
水…1/3杯
日式高汤颗粒…1/3小勺
酱油…3½大勺
白砂糖、料酒、味醂…各1½大勺
香油…2/3小勺

| 做法 |

1 鸡腿肉切成三四厘米见方的块，胡萝卜切块。牛蒡用刀背刮掉皮后斜切块，用冷水冲洗。魔芋撕成适口大小。

2 将步骤1的材料和材料A放入较深的耐热碗中，盖上保鲜膜后微波炉加热20分钟左右（14～15分钟时搅拌一次）。蔬菜软到能用竹扦刺穿后冷却入味。

冷藏 3~4日
不可冷冻

冷藏 2~3日
冷冻 7周

番茄的酸味和鸡肉是绝配 浓郁

番茄酱炖鸡肉

1人份 363 千卡 / 盐分 1.0 克

| 材料·4～5人份 |

鸡腿肉…3块（500克）
洋葱…1/2个
豆角…8～10根
盐、胡椒…各少许
面粉…适量
橄榄油…1大勺

A
水煮番茄罐头…1罐（400克）
料酒（或白葡萄酒）…1大勺
固体浓汤宝…1/2个
蒜末…少许
白砂糖…少许

| 做法 |

1 鸡腿肉切成5厘米见方的块，撒盐和胡椒，裹面粉。洋葱切薄片，豆角切三四段。

2 平底锅中倒入橄榄油，皮朝下放入鸡腿肉，中火煎至变色后翻面，加入洋葱和豆角。加材料A煮沸后盖上盖子，小火煮5～8分钟。

快速

15分钟完成

辣酱的甜辣味很下饭 甜辣

烤肉酱炒鸡肉

1人份 224千卡 / 盐分1.4克

| 材料·2～3人份 |

鸡腿肉…1片（250克）
茄子…2个
色拉油…1/2大勺
A 烤肉酱（市售）…2大勺
韩式辣酱…1/2大勺

| 做法 |

1 鸡腿肉切成4厘米见方的块，茄子纵向切成6等份。

2 平底锅中倒入色拉油，中火加热，放入鸡腿肉炒5～7分钟。

3 用厨房纸巾擦掉多余的油，加材料A搅拌均匀。

烹饪要点

可以用做炸鸡的鸡肉块代替鸡腿肉，节省切肉的时间。

20分钟完成

用甜醋和塔塔酱激发食欲 浓郁

辣鸡块配塔塔酱

1人份 308千卡 / 盐分1.9克

足量

| 材料·2～3人份 |

鸡腿肉…1片（250克）
蛋液…适量
盐、胡椒…各少许
面粉…适量
色拉油…2大勺
A 酱油…1大勺
醋…1大勺
白砂糖…1大勺
B 煮鸡蛋…1个
蛋黄酱…2大勺
柠檬汁…1/2大勺
盐、胡椒…各少许
生菜叶、番茄（根据个人口味）…各适量

| 做法 |

1 鸡腿肉切成两半，厚的部位切开。在两面依次撒盐、胡椒和面粉，涂抹蛋液。

2 平底锅中倒入色拉油，放入鸡腿肉，中火炸至两面变脆，需5～8分钟。用厨房纸巾擦去多余的油，加材料A搅拌均匀，散热后切分、装盘。

3 将材料B放入保鲜袋中，压碎煮鸡蛋，混合均匀后淋在鸡肉上。装盘，根据个人口味添加生菜叶和番茄。

将蒸软的鸡肉调成辣味 （辛辣）

微波炉口水鸡

1人份 370千卡／盐分3.0克

| 材料·4～5人份 |

鸡腿肉…3块（750克）

A ⌈ 盐、胡椒…各少许
　 ⌊ 料酒…1½大勺

B ⌈ 葱白（切小段）…1根
　│ 酱油、醋…各3大勺
　│ 蒸鸡肉汤汁…3大勺
　│ 白砂糖…1⅓大勺
　│ 香油…2小勺
　│ 鸡精…1小勺
　│ 姜末、蒜末…各适量
　⌊ 辣椒油…适量

| 做法 |

1 鸡腿肉厚的部分切开，用叉子扎几个洞。放入耐热容器中，加材料A揉搓，盖上保鲜膜后用微波炉加热15分钟左右（10分钟时翻一次面）。插入竹扦流出红色汁水后取出散热，切成适口大小，倒出汤汁。

2 将鸡肉放入容器中，淋混合均匀的材料B。

微波炉

冷藏 2~3日
冷冻 7周

重现餐厅的味道 （浓郁）

高汤炖鸡

1人份 394千卡／盐分1.6克

| 材料·4～5人份 |

鸡腿肉…3块（750克）

洋葱…1个

口蘑…1袋

黄油…8克

A ⌈ 水煮番茄罐头
　│ 　…1/2杯
　│ 高汤罐头
　│ 　…1罐（290克）
　│ 红葡萄酒（或料酒）
　⌊ 　…2大勺

盐、胡椒…各适量

| 做法 |

1 鸡腿肉切成5厘米见方的块，撒盐和胡椒。洋葱切月牙形，蘑菇切成两半。

2 平底锅中放入黄油，中火加热，皮朝下放入鸡腿肉，旁边放洋葱和蘑菇。鸡肉变色后翻面煎一两分钟。

3 加入材料A煮沸，盖上盖子小火炖10分钟左右，加盐、胡椒调味。

冷藏 2~3日
冷冻 7周

平底锅

快速

用味噌和芝麻调成口感浓郁的酱汁　（浓郁）

奶油味噌炖鸡

1人份　226 千卡 / 盐分 1.0 克

| 材料·2～3人份 |

鸡腿肉…1块（250克）
大葱…1/2根
盐、胡椒…各适量
橄榄油…1小勺
A
　白酱罐头
　　…约1/4罐（70克）
　牛奶…1½大勺
　味噌…1/2小勺
　白芝麻碎…1小勺

| 做法 |

1 鸡腿肉切成3厘米见方的块，撒盐和胡椒。大葱斜切成片。

2 平底锅中倒入橄榄油，中火加热，鸡皮朝下放入鸡腿肉煎烤，变色后翻面，加入大葱炒2～4分钟。

3 加材料A后搅拌，煮三四分钟。

13分钟完成

15分钟完成

搭配米饭更合适　（浓郁）

鸡肉炒南瓜

1人份　289 千卡 / 盐分 1.1 克

足量

| 材料·2～3人份 |

鸡腿肉…1块（250克）
南瓜…1/8个（净重120克）
橄榄油…1大勺
A
　蛋黄酱…1½大勺
　酱油…1小勺
　日式高汤颗粒
　　…1/3小勺

| 做法 |

1 鸡腿肉切成4厘米见方的块。南瓜切成4毫米厚的月牙形，对半切开。

2 平底锅中倒入橄榄油，中火加热，放入步骤1的材料炒5～7分钟。

3 擦去多余的油，加材料A搅拌均匀。

创新

推荐加入杏仁或核桃等坚果一起翻炒。

充分入味的鸡蛋同样美味 浓郁

微波炉香醋煮鸡蛋

1人份 425 千卡 / 盐分 3.1 克

| 材料·4～5人份 |

鸡腿肉…3块（750克）

煮鸡蛋…5个

A ┌ 水…少于1/2杯
│ 酱油…4½大勺
│ 醋…3½大勺
│ 白砂糖…3大勺
│ 料酒…2大勺
│ 姜末…1小勺
└ 日式高汤颗粒…1小勺

| 做法 |

1 鸡腿肉切成 4 厘米见方的块。

2 将鸡腿肉和材料 A 放入较深的耐热容器中，盖上保鲜膜后用微波炉加热 7～10 分钟。

3 加入煮鸡蛋，静置 30 分钟以上以入味。

烹饪要点

鸡蛋腌制一晚更入味。

微波炉

冷藏 3～4日

冷冻 7周

※ 鸡蛋不可冷冻。

不用腌制，立刻就能完成 香料

印度风味平底锅烤鸡

1人份 346 千卡 / 盐分 1.2 克

| 材料·4～5人份 |

鸡腿肉…3块（750克）

盐…1/2小勺

橄榄油…1大勺

A ┌ 原味酸奶…4大勺
│ 咖喱粉、番茄酱
│ …各1大勺
│ 酱油…1小勺
└ 蒜末…1/4小勺

| 做法 |

1 鸡腿肉切成 4～6 等份，厚的部分切开，双面撒盐。

2 平底锅中倒入橄榄油，中火加热，鸡皮朝下放入鸡腿肉，盖上盖子煎 8～10 分钟，注意翻面。

3 开盖，加入材料 A 继续加热，搅拌均匀。

创新

可以把鸡腿肉切成适口的薄片，和圆白菜丝、蛋黄酱一起夹面包吃，同样美味。

平底锅

冷藏 3～4日

冷冻 7周

鸡胸肉

快速

用铝箔纸包裹，烤出松软的效果 （味噌）

鸡肉烤蘑菇

1人份 159 千卡 / 盐分 1.3 克

| 材料·2人份 |

鸡胸肉…1/2块（125克）
蘑菇…1/2袋
圆白菜…1片
红甜椒…1/6个
味噌、料酒…各1大勺
黄油…8克

| 做法 |

1 鸡胸肉去皮，切成适口大小。口蘑去蒂后撕开，圆白菜切成3厘米见方的片，红甜椒切丝。

2 准备两张铝箔纸，每张上放一半食材。味噌和料酒混合均匀后淋在食材上，放黄油后包好，两端拧紧。

3 放在烤盘上，入烤箱加热8分钟左右。

15分钟完成

15分钟完成

酱香味渗入酥脆的鸡肉中，令人上瘾 （酱油）

爽口油淋鸡

1人份 204 千卡 / 盐分 1.1 克

足量

| 材料·2~3人份 |

鸡胸肉…1块（250克）
盐、胡椒…各少许
淀粉…适量
色拉油…3大勺

A ┌ 大葱（切碎）…1/3根
  │ 醋…1½大勺
  │ 酱油…1大勺
  │ 白砂糖…1/2大勺
  │ 姜末…1/2小勺
  └ 辣椒油…适量
生菜叶丝…适量

| 做法 |

1 鸡胸肉切成1厘米厚的片，涂盐、胡椒、淀粉。

2 平底锅中倒入色拉油，中火加热，放入鸡胸肉煎至酥脆。用厨房纸巾擦去多余的油。

3 将生菜叶丝和鸡胸肉装盘，淋混合均匀的材料A。

创新

推荐和面条拌匀，变成像荞麦面一样的吃法。

鸡胸肉味道清爽，脂肪含量少，但是肉容易发柴，要在烹饪时下些功夫。

常备菜

微波炉

芝麻的味道醇厚 （浓郁）

芝麻味鸡肉炖芜菁

1人份 116 千卡／盐分 2.0 克

| 材料·4～5人份 |

鸡胸肉…1块（250克）

芜菁…3～4个

A
┃ 蘸面汁（2倍浓缩）
┃ …1杯
┃ 水…1/2杯
┃ 白砂糖…1小勺
┃ 白芝麻碎…1/2大勺
┃ 姜末…1/2小勺

| 做法 |

1 鸡胸肉切成适口大小。芜菁的根和叶分开，根去皮、切成月牙形；叶子取一两片，茎部切成 1 厘米长的段。

2 将芜菁的根和材料 A 放入较深的耐热容器中，盖上保鲜膜后用微波炉加热 15 分钟左右。加入芜菁叶，继续加热 5 分钟左右。

冷藏 2~3 日
冷冻 7 周

冷藏 2~3 日
冷冻 7 周

平底锅

用鸡胸肉做的天妇罗很爽口 （咸味）

鸡肉海苔天妇罗

1人份 322 千卡／盐分 0.6 克

| 材料·4～5人份 |

鸡胸肉…2块（500克）

烤海苔…1⅓片

色拉油…适量

A
┃ 料酒…1大勺
┃ 盐…少许
┃ 蒜末…1/2小勺

B
┃ 鸡蛋…1个
┃ 水…大于1/2杯
┃ （100～120毫升）
┃ 面粉…3/4杯

蘸面汁、白萝卜末等（根据个人口味）…各适量

| 做法 |

1 鸡胸肉去皮后切成 4 厘米宽的条，加材料 A 揉搓。用切成 2 厘米宽的海苔卷起一条鸡肉。

2 将材料 B 依次放入碗中，搅拌至蛋糕坯的浓稠度。

3 平底锅中倒入 2 厘米深的油，中火加热。将鸡肉海苔裹上面糊后炸 4～6 分钟，注意翻面。根据个人口味配蘸面汁和白萝卜末。

快速

12分钟完成

炒芝麻的香味能激发食欲 酱油

芝麻鸡胸肉

1人份 224 千卡 / 盐分 1.0 克

| 材料·2~3人份 |

鸡胸肉…1块（250克）
炒白芝麻…4大勺
色拉油…1/2大勺
A ┃ 酱油…1大勺
　 ┃ 白砂糖、味醂
　 ┃ …各1小勺
生菜叶、圣女果（根据个人口味）…各适量

| 做法 |

1 鸡胸肉去皮后切成大块，双面涂上炒白芝麻，用手按压。

2 平底锅中倒油，中火加热，放入鸡胸肉后盖上盖子，两面煎熟。

3 用厨房纸巾擦掉多余的油，加材料 A 搅拌均匀。装盘，根据个人口味配生菜叶、圣女果等。

烹饪要点

鸡胸肉裹面粉、蛋液后抹芝麻，口感更顺滑。

15分钟完成

足量

用平底锅轻松制作韩国人气料理 浓郁

韩式辣炒鸡肉圆白菜

1人份 385 千卡 / 盐分 3.3 克

| 材料·2~3人份 |

鸡胸肉…1块（250克）
圆白菜…1/4个
胡萝卜…1/3根
A ┃ 白菜泡菜…120克
　 ┃ 韩式辣酱…2大勺
　 ┃ 香油…1大勺
芝士…150~200克

| 做法 |

1 鸡胸肉去皮，切成适口大小。圆白菜切块，胡萝卜用削皮器刮成薄片。

2 平底锅中放入步骤1的材料和材料 A，搅匀后中火加热。盖上盖子炖，中途搅拌几次。

3 炖熟后在中央放芝士，盖上盖子，等待芝士化开。

创新

蔬菜可以根据个人口味用豆芽、青椒等代替，也可以加入香菇等菌类。

鸡肉用爽口的腌泡汁腌制柔软 爽口

柠檬腌鸡肉胡萝卜片

1人份 185 千卡 / 盐分 0.7 克

| 材料·4～5人份 |
鸡胸肉…1大块（350克）
胡萝卜…1根
盐、胡椒…各少许
料酒…1大勺
┌ 橄榄油…3大勺
A 柠檬汁…1½大勺
└ 盐、胡椒…各适量

| 做法 |
1 鸡胸肉去皮，放入耐热容器中，加盐、胡椒、料酒。盖上保鲜膜后用微波炉加热 6～8 分钟（四五分钟时翻面）。
2 用削皮器将胡萝卜削成条，包在保鲜膜中，用微波炉加热 30～50 秒（中途翻面）。
3 鸡胸肉放凉后沥去汤汁，略撕开，与胡萝卜混合后加材料 A 搅拌。

微波炉

冷藏 2～3日
冷冻 7周

用蛋黄酱和番茄酱调出浓郁口感 浓郁

蛋黄酱番茄酱口味杏鲍菇炒鸡肉

1人份 217 千卡 / 盐分 0.8 克

| 材料·4～5人份 |
鸡胸肉…2块（500克）
杏鲍菇…3～4根
盐、胡椒…各少许
面粉…适量
橄榄油…1大勺
┌ 蛋黄酱…2大勺
A 番茄酱、料酒
└ …各1大勺

| 做法 |
1 鸡胸肉去皮，切成适口大小，撒盐、胡椒和面粉。杏鲍菇纵向切成 5 毫米厚的片。
2 平底锅中倒入橄榄油，中火加热，将步骤1的材料翻炒熟后加材料 A 搅匀。

冷藏 2～3日
冷冻 7周

平底锅

撒足量木鱼花 （酱油）

芥末鸡肉拌白菜

| 1人份 | 179 千卡 / 盐分 1.3 克 |

| 材料·2～3人份 |

鸡胸肉…1小片（200克）
白菜…1/8个
木鱼花…适量
A ┤ 料酒、橄榄油…各1大勺
  └ 盐、胡椒…各少许
B ┤ 酱油…1大勺
  └ 芥末…1/2～1小勺

| 做法 |

1 鸡胸肉去皮，白菜切块。将白菜放入耐热容器中，上面放鸡胸肉，淋混合均匀的材料 A。

2 盖上保鲜膜后用微波炉加热 10 分钟左右，将鸡胸肉做熟。

3 散热后撕开鸡胸肉，与沥干的白菜一起装盘，淋混合均匀的材料 B，撒木鱼花。

17分钟完成

15分钟完成

用鸡胸肉代替虾，节约成本 （辛辣）

辣酱炒鸡肉

| 1人份 | 243 千卡 / 盐分 2.6 克 |

| 材料·2～3人份 |

鸡胸肉…1小片（200克）
青椒…2个
水煮竹笋片…100克
淀粉…1大勺
香油…1½大勺
A ┤ 烤肉酱（市售）…3大勺
  │ 番茄酱…2大勺
  │ 水…1/2大勺
  │ 豆瓣酱…1小勺
  └ 鸡精…1/2小勺

| 做法 |

1 鸡胸肉去皮后切成适口大小，裹上淀粉。青椒切块。

2 平底锅中倒入香油，中火加热，放入步骤1的材料和沥干的竹笋片，将鸡胸肉炒熟。

3 加入材料 A，煮至酱汁黏稠。

创新

用冷冻炸茄子代替竹笋和青椒，解冻后使用，制作更方便。

培根中的盐让鸡胸肉更鲜美 咸味

培根鸡肉卷

1人份 307 千卡 / 盐分 1.3 克

| 材料·4～5人份（20个） |
鸡胸肉…2块（500克）
培根…10片
盐、胡椒…各少许
A ┌ 料酒…1½ ～ 2大勺
  └ 橄榄油…1/2 大勺
黑胡椒碎（根据个人口味）
　…适量

创新

蘸其他酱汁、蛋黄酱、芝麻
酱等同样美味。

| 做法 |
1 鸡胸肉去皮，切成适口大小，撒盐和胡椒。培根切成两半，用培根卷一块鸡肉。
2 封口处朝下放入耐热容器中，均匀淋材料A，盖上保鲜膜后用微波炉加热7分钟左右（4分钟时翻面）。根据个人口味撒黑胡椒碎。

微波炉

冷藏 3~4日
冷冻 7周

冷藏 3~4日
冷冻 7周

鸡胸肉切条可以缩短炸制时间，且方便食用 咸味

炸鸡柳

1人份 385 千卡 / 盐分 1.0 克

| 材料·4～5人份 |
鸡胸肉…2块（500克）
A ┌ 鸡蛋…1个
  │ 牛奶…1大勺
  │ 盐…1/4 小勺
  │ 胡椒…少许
  └ 蒜末…1/2 小勺
B ┌ 面粉…1¼ 杯
  │ 清高汤颗粒…1小勺
  │ 干香草（选用）
  └ 　…1½ 小勺
色拉油…适量
番茄酱（根据个人口味）
　…适量

| 做法 |
1 鸡胸肉去皮，切成1.5厘米厚、两三厘米宽的条。将鸡肉和材料A装入塑料袋中揉搓，取出后沥去汤汁。
2 淋足量混合均匀的材料B。
3 平底锅中倒入2厘米深的油，中火加热，放入鸡胸肉炸5～7分钟，中间翻面，取出后放在厨房纸巾上沥油，根据个人口味配番茄酱。

平底锅

55

鸡翅

快速

香脆而焦香的味道令人欲罢不能 （味噌）

烤鸡翅

1人份 151 千卡 / 盐分 0.9 克

| 材料 · 2 ~ 3 人份 |

鸡翅…10 ~ 12 根
大葱（切碎）…1/3 根

A ┃ 味噌…1 大勺
┃ 味醂…1 小勺
┃ 香油…1/3 小勺

色拉油…适量

| 做法 |

1 在铝箔纸上涂色拉油（使用不会烤焦的铝箔纸），将鸡翅皮朝上放在上面。铺大葱，涂混合均匀的材料 A。

2 用烤箱烤 10 ~ 15 分钟。

20分钟
完成

20分钟
完成

足量

骨汤让简单的食材更美味 （咸味）

日式鸡翅根菜汤

1人份 192 千卡 / 盐分 1.6 克

| 材料 · 2 ~ 3 人份 |

鸡翅根…6 个
胡萝卜…1 根
牛蒡…1 根
大葱…1 根

A ┃ 水…1½ 杯
┃ 日式高汤颗粒
┃ …1½ ~ 2 小勺
┃ 盐…1/2 ~ 1 小勺
┃ 姜末…少许

| 做法 |

1 鸡翅根沿骨头切开，胡萝卜切成 5 毫米厚的片，牛蒡切成 8 厘米长的小段后纵向切成 2 ~ 4 等份，大葱切成 6 厘米长的段。

2 将步骤 1 的材料和材料 A 放入锅中，盖上盖子中火加热至沸腾后调小火，煮 10 ~ 15 分钟，撇去浮沫。

鸡翅尖、鸡翅中、鸡翅根等带骨肉都非常鲜美。
是看起来丰盛、实际操作简单、熟练掌握后格外实用的食材。

常备菜

冷却过程中充分入味 浓郁

蚝油白萝卜炖鸡翅

1人份　174千卡／盐分2.5克

| 材料·4~5人份 |

鸡翅尖…10根
白萝卜…1/4根
魔芋…80克

A
　水…1⅓杯
　蚝油…3大勺
　料酒…1½大勺
　酱油、味醂…各1大勺
　鸡精、香油…各1小勺
　姜末…1/2小勺

| 做法 |

1 白萝卜切成1厘米厚的扇形，魔芋撕成适口大小。
2 将鸡翅尖、步骤1的材料和材料A放入较深的耐热碗中，盖上保鲜膜后用微波炉加热10~15分钟（7~10分钟时翻一次面），冷却入味。

微波炉

冷藏3~4日
不可冷冻

冷藏3~4日
冷冻7周

平底锅

脆皮非常美味 咸味

平底锅烤鸡翅

1人份　159千卡／盐分0.6克

| 材料·4~5人份 |

鸡翅尖…10根
盐、黑胡椒碎…各适量
干香草（选用）…1小勺
橄榄油…1大勺

A
　水…1/4杯
　白葡萄酒（或料酒）
　　…2大勺
　白砂糖、酱油
　　…各1小勺
　水淀粉…1/4小勺
　芥末…少许

| 做法 |

1 鸡翅尖顺骨头切开，撒盐、黑胡椒碎和干香草。
2 平底锅中涂橄榄油，皮朝下放入鸡翅尖，中火加热，盖上铝箔纸，用木铲按压，烤出焦痕后翻面烤熟。
3 取出鸡翅尖，用厨房纸巾擦净锅中的油，放入材料A中火煮沸。将酱汁装入容器中，用鸡翅尖蘸食。

为餐桌增色的汤

可直接使用、味道鲜美的干货能迅速做成汤。
在忙碌的早晨和下班后能立刻做好，让每一餐更丰盛。

只需加水

5分钟完成

切好的粉丝可以直接使用　1人份　28千卡／盐分1.5克

裙带菜汤

| 材料·1人份 |

A
粉丝（切段）…5克
切片裙带菜（干燥）…1克
鸡精…1小勺
酱油…1/2小勺
白炒芝麻…1/3小勺

热水…180～200毫升

| 做法 |

将材料 A 放入容器中，倒热水后静置四五分钟。

迅速完成的常规汤品　1人份　132千卡／盐分0.8克

奶油玉米汤

| 材料·1人份 |

A
奶油玉米罐头…60克
牛奶…120毫升
清高汤颗粒…1/8小勺

干欧芹（选用）…适量

| 做法 |

1 将材料 A 放入锅中，边搅拌边中火加热。
2 盛入碗中，撒干欧芹。

3分钟完成

3分钟完成

用香油增加浓郁风味　1人份　24千卡／盐分1.6克

干海带丝梅干汤

| 材料·1人份 |

A
干海带丝…1撮（1克）
梅干…1/2个
酱油…1/2小勺

热水…180～200毫升
香油…1/2小勺
木鱼花…2撮

| 做法 |

1 梅干去核、撕碎。
2 将材料 A 放入容器中，倒热水，淋香油，撒木鱼花。

石莼的香味浓郁，简单的汤　1人份　20千卡/盐分1.4克

石莼味噌汤

| 材料·1人份 |
石莼…2撮
味噌…1/2大勺
A
日式高汤颗粒
…1/4小勺

热水…150～170毫升

| 做法 |
将材料A放入容器中，倒热水后充分搅拌。

不用刀切，用手掰开豆腐　1人份　50千卡/盐分1.4克

豆腐大葱味噌汤

| 材料·1人份 |
绢豆腐…50克
小葱（切碎）…适量
味噌…1/2大勺多
A
日式高汤颗粒
…1/4小勺

热水…150～170毫升

| 做法 |
1 绢豆腐掰成适口大小。
2 将步骤1的材料和材料A放入容器中，倒入热水充分搅拌。

冷冻蔬菜和鱼糕类食材是缩短烹饪时间的好帮手

1人份　41千卡/盐分1.9克

蟹肉棒菠菜味噌汤

| 材料·1人份 |
蟹肉棒…1根
菠菜（冷冻）…15克
味噌…1/2大勺
A
日式高汤颗粒
…1/4小勺

热水…150～170毫升

| 做法 |
1 将蟹肉棒拆开，用热水（材料外）解冻菠菜，拧干水分。
2 将步骤1的材料和材料A放入容器中，倒入热水充分搅拌。

口感轻盈　1人份　53千卡/盐分1.4克

萝卜苗烤面筋味噌汤

| 材料·1人份 |
萝卜苗…适量（约1/8包）
烤面筋…5个
味噌…1/2大勺
A
日式高汤颗粒
…1/4小勺

热水…150～170毫升

| 做法 |
1 萝卜苗去根。
2 将步骤1的材料和材料A放入容器中，倒入热水充分搅拌。

5分钟
完成

充分利用番茄汁的简单料理　1人份　64千卡／盐分1.4克

西葫芦豆子番茄汤

| 材料·2人份 |

西葫芦…1/4根
混合豆子…50克
　┐
　番茄汁…1杯
A　水…150～200毫升
　│
　浓汤宝…1块
盐、胡椒…各少许
芝士粉（根据个人口味）
　…适量

| 做法 |

1 西葫芦切成3毫米厚的半月形。
2 将步骤1的材料和材料A放入锅中，煮沸后再煮一两分钟。
3 加入混合豆子，用盐、胡椒调味，根据个人口味撒芝士粉。

5分钟
完成

分量正适合做夜宵　1人份　55千卡／盐分1.1克

鸡肉西蓝花清汤

| 材料·2人份 |

沙拉鸡肉…1/2袋（60克）
西蓝花…4块
　┐
　水…350毫升
A　浓汤宝…1块
　│
　胡椒…少许

| 做法 |

1 将鸡肉切成薄片，西蓝花分成小朵。
2 将材料A放入锅中煮沸，加入步骤1的材料后再煮3分钟。

5分钟
完成

用海米增加风味和颜色　1人份　23千卡／盐分1.0克

中式豆芽海米汤

| 材料·2人份 |

豆芽…1/3包（约70克）
海米…3克
　┐
　水…350毫升
　中式汤料颗粒
A　…1/2大勺
　│
　酱油、香油
　…各1/2小勺
小葱（切碎）…适量

| 做法 |

1 将材料A放入锅中煮沸，加入豆芽和海米后再煮一两分钟。
2 盛出后撒小葱。

7分钟
完成

味道醇厚的牛油果和奶油搭配和谐

1人份　193千卡／盐分1.3克

牛油果芦笋奶油汤

| 材料·2人份 |

牛油果…1/2个
芦笋…2根
　┐
A　黄油…8克
　│
　面粉…2小勺
水…3/4杯
牛奶…1杯
浓汤宝…1块
黑胡椒碎…少许

| 做法 |

1 牛油果切成1.5厘米见方的块，用削皮器刮掉芦笋根部的皮，切成4厘米长的段。
2 将材料A放入锅中，小火翻炒，加水后搅拌，中火煮沸。加入芦笋、牛奶、浓汤宝煮沸，再煮两三分钟后关火，加入牛油果。
3 盛出后撒黑胡椒碎。

完美的浓稠度和酸度　1人份　53千卡／盐分1.9克

番茄芝麻味噌汤

| 材料·2人份 |

番茄…1/2个

A ┌ 水…1½杯
　└ 日式高汤颗粒…1小勺

白芝麻碎…1大勺

味噌…1⅓大勺

| 做法 |

1 番茄切块。

2 将材料 A 放入锅中煮沸，加入番茄和白芝麻碎。

3 关火后加味噌化开。

加入黄油，让汤更丰盛　1人份　79千卡／盐分2.0克

土豆玉米黄油味噌汤

| 材料·2人份 |

土豆…1/2个

A ┌ 水…350毫升
　└ 日式高汤颗粒…1小勺

玉米粒…2大勺

黄油…4克

味噌…1⅓大勺

| 做法 |

1 土豆去皮、切丝。

2 将土豆、玉米粒和材料 A 放入锅中煮沸，加黄油。

3 关火后加味噌化开。

切成薄片的胡萝卜能很快煮熟　1人份　75千卡／盐分2.4克

胡萝卜火腿味噌汤

| 材料·2人份 |

胡萝卜…1/3根

火腿…2片

A ┌ 水…350毫升
　└ 日式高汤颗粒…1小勺

味噌…1⅓大勺

| 做法 |

1 胡萝卜用削皮器削成薄片，火腿切成两半后再切成1厘米宽的丝。

2 将材料 A 放入锅中煮沸，加步骤1的材料后再煮片刻。

3 关火后加味噌化开。

鸡蛋煮到自己喜欢的口感　1人份　103千卡／盐分2.1克

生菜荷包蛋味噌汤

| 材料·2人份 |

生菜…1/6个

鸡蛋…2个

A ┌ 水…350毫升
　└ 日式高汤颗粒…1小勺

味噌…1⅓大勺

| 做法 |

1 生菜撕成适口大小。

2 将材料 A 放入锅中煮沸，打入鸡蛋，盖上盖子小火煮四五分钟（注意不要溏锅）。

3 加入生菜后关火，加味噌化开。

推荐食材 3
牛肉

牛碎肉

快手菜

快速

10分钟完成

酱汁中加入爽口的酸奶 香料

咖喱风味炒牛肉配酸奶蛋黄酱

1人份 236 千卡 / 盐分 0.5 克

| 材料·2~3人份 |

牛碎肉…250克
小松菜…1棵
橄榄油…1小勺
咖喱粉、盐…各少许
A ┌ 原味酸奶…1½大勺
  └ 蛋黄酱…1大勺

| 做法 |

1 小松菜切成5厘米长的段。
2 平底锅中倒入橄榄油,加热后将牛碎肉炒熟,拨到一边,在空余处加入小松菜炒两三分钟,撒咖喱粉和盐。
3 装盘后淋混合均匀的材料A。

足量

15分钟完成

使用薄肉片熟得更快 咸味

炸牛肉排

1人份 388 千卡 / 盐分 0.8 克

| 材料·2~3人份 |

牛碎肉…250克
盐、胡椒…各少许
A ┌ 鸡蛋…1个
  │ 面粉…4大勺
  └ 水…1大勺
面包粉…适量
色拉油…适量
酱汁(根据个人口味)
　…适量
柠檬(切角,根据个人口味)
　…适量

| 做法 |

1 将牛碎肉分成6等份,分别捏成1.5厘米厚的圆饼,两面撒盐、胡椒。
2 将材料A混合均匀,裹在牛肉饼上,蘸面包粉。
3 平底锅中倒入2厘米左右深的油,将牛肉饼炸5~7分钟,注意翻面。用厨房纸巾吸油,装盘后淋酱汁,根据个人口味搭配柠檬。

牛排的价格较高，相比之下牛碎肉的价格较为适中，鲜美的滋味能让人获得满足感。

常备菜

充分入味的下饭菜 甜辣

姜丝牛肉炖牛蒡

1人份 241 千卡 / 盐分 1.8 克

| 材料·4～5人份 |
牛碎肉…400克
牛蒡…1/2根（约70克）
| 姜丝…1片
| 料酒…1/4杯
A 酱油、味醂…各3大勺
| 白砂糖…2大勺
| 日式高汤颗粒
| …1/2小勺

| 做法 |
1 仔细清洗牛蒡（或用刀背刮），斜切成薄片。
2 在较深的耐热碗中将牛碎肉、牛蒡和材料 A 充分混合，盖上保鲜膜后用微波炉加热 15 分钟左右（10分钟时搅拌一次）。

创新

推荐和米饭搅拌做成饭团，很适合当作便当。

微波炉

冷藏 3~4 日
冷冻 7 周

冷藏 3~4 日
冷冻 7 周

平底锅

改良印度料理 浓郁

坚果黄油烤牛肉

1人份 242 千卡 / 盐分 0.9 克

| 材料·4～5人份 (15串) |
牛碎肉…400克
盐、胡椒…各少许
橄榄油…1小勺
| 坚果黄油、料酒
| …各2½大勺
A 白砂糖…2小勺
| 酱油…1½小勺
| 蒜末…1/3小勺

| 做法 |
1 牛碎肉用竹扦穿好，两面撒盐和胡椒。
2 平底锅中倒入橄榄油，放入牛肉串中火煎烤。用厨房纸巾擦去多余的油，两面涂抹混合均匀的材料 A。

烹饪要点

也可以不穿起来直接炒。

牛肉片

快速

7分钟完成

调味简单，突出牛肉和牛油果的味道　咸味

煎牛肉配牛油果

1人份　330 千卡／盐分 3.1 克

| 材料·2~3人份 |
牛肉片…200克
牛油果…1/2个
盐、胡椒…各少许
橄榄油…1小勺
A | 柠檬汁、酱油、橄榄油
　（根据个人口味）
　…各适量

| 做法 |
1 在牛肉片上撒盐和胡椒。牛油果去核、去皮，切成1厘米厚的片。
2 平底锅中倒入橄榄油，中火加热，放入牛肉片，煎熟后装盘。
3 搭配牛油果，根据个人口味淋材料 A。

创新

牛油果可以用叉子压碎，加入蛋黄酱和柠檬汁做成酱汁，同样很美味。

加入日式高汤后味道更上一层楼　浓郁

圆白菜炒牛肉

1人份　308 千卡／盐分 1.2 克

10分钟完成

足量

| 材料·2~3人份 |
牛肉片…200克
圆白菜…1/8个
红甜椒…1/6个
盐、胡椒…各少许
色拉油…1/2大勺
A | 中浓酱汁…2大勺
日式高汤颗粒
　…1/2小勺

| 做法 |
1 牛肉片切成适口大小，撒盐和胡椒。圆白菜切块，红甜椒切丝。
2 平底锅中倒入色拉油，中火加热，将牛肉片翻炒变色后加入圆白菜和红甜椒。
3 加入材料 A 搅拌均匀。

薄肉片易熟，能缩短烹饪时间。因为加热时间短，所以口感柔软，容易入味。

加入芥末，风味独特 （酱油）

芥末蛋黄酱拌牛肉片

1人份　314千卡／盐分0.6克

| 材料·4～5人份 |

牛肉片…400克
料酒…2大勺
盐…少许
┌ 蛋黄酱…3大勺
A 酱油…1/2大勺
└ 芥末…1/2～1小勺

| 做法 |

1 将牛肉片摊开放入耐热容器中，加料酒和盐，盖上保鲜膜后用微波炉加热6分钟左右，沥干后散热。
2 放入混合均匀的材料A拌匀。

创新

可以加入水菜等绿叶菜或萝卜苗。

冷藏 2~3日
冷冻 7周

将薄肉片变成有嚼劲的料理 （甜辣）

照烧油豆腐牛肉卷

1人份　386千卡／盐分0.9克

| 材料·4～5人份（10个） |

牛肉片…400克
油豆腐块…300克
面粉…适量
色拉油…1/2大勺
┌ 酱油…1½～2大勺
A 味酥…1½大勺
└ 白砂糖…1小勺
七味辣椒粉（根据个人口味）
　…适量

| 做法 |

1 将油豆腐块切成2厘米厚的片，用牛肉片卷起后撒面粉。
2 平底锅中倒入色拉油，中火加热，牛肉豆腐卷封口朝下摆入锅中，盖上盖子加热，随时翻面。
3 煮熟后用厨房纸巾擦去多余的油，加材料A搅拌，根据个人口味撒七味辣椒粉。

冷藏 2~3日
不可冷冻

平底锅

鸡肉馅

快手菜

10分钟完成

煎过的香味和口感是重点　浓郁

蚝油坚果炒鸡肉馅

1人份　305 千卡／盐分 1.1 克

| 材料·2~3人份 |

鸡肉馅…300克
洋葱…1/2个
红甜椒…2/3个
坚果…25克
香油…1大勺
淀粉…1/2大勺
A　蚝油、料酒…各1大勺
　　鸡精…1/2小勺
生菜（选用）…适量

| 做法 |

1 洋葱、红甜椒切丝。
2 平底锅中倒入香油，中火加热，放入鸡肉馅、步骤1的材料和坚果翻炒，肉馅不要炒散。
3 裹一层淀粉，全部炒熟后加材料A搅拌。装盘，配生菜。

20分钟完成

加入煎鸡蛋的丰盛菜品　浓郁

罗勒青椒鸡肉饭

1人份　564 千卡／盐分 3.4 克

| 材料·2~3人份 |

鸡肉馅…300克
鸡蛋…2~3个
青椒…3个
洋葱…1/4个
色拉油…2小勺
　　鱼露…2~2½大勺
　　蚝油…1/2大勺
A　料酒…1½小勺
　　蒜末…少许
　　干罗勒…适量
热米饭…2~3碗

| 做法 |

1 平底锅中倒入1小勺色拉油，中火加热，煎好鸡蛋后取出。
2 青椒、洋葱切成1厘米见方的块。
3 平底锅中倒入1小勺色拉油，中火加热，将鸡肉馅和洋葱炒熟后加入青椒翻炒，加材料A混合。
4 米饭装盘，铺上步骤3的材料，放上煎鸡蛋。

鸡肉馅温和的味道适合制作日式料理。因为不易保存，所以购买后要立刻烹饪或者冷冻。

做成口感松软的鸡肉松 酱油

微波炉鸡肉松

1人份 174 千卡 / 盐分 1.4 克

| 材料·4～5人份 |
鸡肉馅…400克
A｛
　酱油…2½大勺
　白砂糖…2大勺
　料酒…1½大勺
　姜末…1/3小勺

| 做法 |
1 将鸡肉馅和材料 A 放入较深的耐热碗中，充分搅拌。
2 盖上保鲜膜后用微波炉加热 8 分钟左右，约 3 分钟时搅拌两三下。取出后充分打散。

创新

可以放在煎鸡蛋上，或加上芝麻和青菜凉拌，十分美味。

微波炉

冷藏 4～5日
冷冻 7周

预处理简单，烹饪时间短 浓郁

鸡肉馅蔬菜丝春卷

1人份 362 千卡 / 盐分 0.4 克

| 材料·4～5人份（10个）|
鸡肉馅…400克
青椒…3个
水煮竹笋丝…70克
春卷皮…10片
A｛
　淀粉…1大勺
　蚝油…1小勺
　姜末…1/2小勺
　盐、胡椒…各少许
面粉…适量
色拉油…适量

| 做法 |
1 青椒切丝，竹笋丝沥干水分。
2 鸡肉馅和材料 A 拌匀后加入步骤 1 的材料混合，分成 10 等份，用春卷皮包好，面粉加水化开，涂在春卷皮接口处固定。
3 平底锅中倒入 2 厘米深的油，中火加热 1 分钟左右，放入春卷。一两分钟后调小火，再炸七八分钟，炸透，注意翻面。放在厨房纸巾上吸油。

冷藏 2～3日
冷冻 7周

平底锅

快速

蒸出的菜叶子依然鲜绿 （酱油）

小白菜鸡肉松

1人份 128 千卡 / 盐分 1.0 克

| 材料·2～3人份 |

鸡肉馅…150克

小白菜…2棵

香油…1/2大勺

A｜ 水…1/4杯
日式高汤颗粒
…1/2小勺
酱油…1大勺
白砂糖、淀粉
…各1小勺
姜末…少许

黑胡椒碎（根据个人口味）
…适量

| 做法 |

1 小白菜根部切十字口，纵向撕成4等份。

2 平底锅中加入小白菜和2大勺水，大火蒸两三分钟，关火后淋香油，盛盘。

3 在平底锅里加入鸡肉馅和材料A，中火翻炒熟后加入小白菜，根据个人口味撒黑胡椒碎。

10分钟完成

15分钟完成

足量

炸鱼饼的汤汁让味道更加浓郁 （浓郁）

鸡肉丸子煮炸鱼饼

1人份 247 千卡 / 盐分 2.1 克

| 材料·2～3人份 |

鸡肉馅（腿肉）…200克

炸鱼饼…3个（小，80克）

胡萝卜…1/2根

A｜ 姜末、盐、胡椒
…各少许
淀粉…1大勺

B｜ 蘸面汁（2倍浓缩）、水
…各1/4杯
香油…1/2小勺

小葱（切小段，根据个人口味）…适量

| 做法 |

1 炸鱼饼切成两半，胡萝卜切成8毫米厚的片。

2 鸡肉馅和材料A装入保鲜袋中充分混合，团成直径四五厘米的丸子。

3 在较大的耐热碗中放入材料B，依次放入丸子、胡萝卜、炸鱼饼，盖上保鲜膜后用微波炉加热8分钟左右（6分钟时搅拌一次）。装盘，根据个人口味撒小葱。

创新

鸡肉丸子中可以加入毛豆，色彩更加鲜艳。

热气腾腾的南瓜上淋满满的酱汁 酱油

南瓜鸡肉松

1人份 124 千卡 / 盐分 0.8 克

| 材料·4～5人份 |

南瓜…1/3个（净重400克）

鸡肉馅…100克

A
水…1/2杯
酱油…1½大勺
白砂糖…1大勺
水淀粉…1/2大勺

| 做法 |

1 南瓜去瓤，切成4厘米见方的块。

2 将鸡肉馅和材料A放入耐热碗中充分搅拌，加入南瓜。

3 盖上保鲜膜后用微波炉加热12分钟左右（约8分钟时轻轻搅拌一次）。取出后拌匀，冷却入味。

微波炉

冷藏 2~3日

不可冷冻

裹着甜辣酱汁的丸子富有光泽 甜辣

松软鸡肉丸

1人份 189 千卡 / 盐分 1.3 克

| 材料·4～5人份 |

A
鸡肉馅…400克
鱼肉红薯饼
…1/2块（50克）
小葱（切碎）
…2～3根
盐…1撮
姜末…少许

色拉油…1小勺

B
酱油、料酒…各2大勺
白砂糖…1大勺
水淀粉…1小勺

| 做法 |

1 将材料A充分搅拌，做成适口大小的丸子。

2 平底锅中倒油，中火加热，放入鸡肉丸子后盖上盖子，出现焦痕后翻面，继续加热（共6～10分钟）。

3 用厨房纸巾擦去多余的油，加入材料B煮沸，搅拌均匀。

烹饪要点

搓丸子时，在手上蘸少许油或水会更方便。

冷藏 3~4日

冷冻 7周

平底锅

猪肉馅

快手菜

快速

10分钟
完成

用番茄统一味道 （酱油）

豆腐肉末炒番茄

1人份 240千卡 / 盐分1.1克

| 材料·2～3人份 |

猪肉馅…150克
木棉豆腐…1块（350克）
番茄…1个（小）
小葱（切碎）…2大勺
蒜末…1/4小勺
黄油…5克
酱油…1大勺

| 做法 |

1 豆腐切成6等份，番茄切成2厘米见方的块。
2 在平底锅中放黄油，中火加热，将猪肉馅炒熟后依次加蒜末、小葱、番茄翻炒，加酱油。
3 豆腐装盘，倒入步骤2的材料。

创新

不仅能盖在豆腐上，也推荐盖在米饭上。

15分钟
完成

足量

肉馅做成的简单菜品 （咸味）

烤海苔包肉馅

1人份 223千卡 / 盐分0.6克

| 材料·2～3人份（6个）|

猪肉馅…250克
烤海苔…1片
盐、胡椒…各少许
香油…1/2大勺
白萝卜末…适量
酸橙酱油…适量
青紫苏（选用）…适量

| 做法 |

1 烤海苔切成6等份。
2 猪肉馅上撒盐和胡椒后分成6等份，拍扁后夹在海苔里。
3 平底锅中倒入香油，中火加热，放入海苔包肉馅，盖上盖子，两面一共煎8～10分钟。装盘，配白萝卜末、酸橙酱油、青紫苏。

适合调成各种味道，方便制作，价格便宜。
既可以做成常备菜，也很适合做成便当里的小菜。

微波炉

推荐用生菜等蔬菜包起来吃 香料

咖喱味噌舞茸肉馅

1人份 221千卡 / 盐分 0.8克

| 材料·4～5人份 |
猪肉馅…400克
舞茸…1包
洋葱…1/4个
┌ 味噌…1½ 大勺
│ 橄榄油…1小勺
A 白砂糖…1小勺
│ 咖喱粉…1小勺
└ 蒜末…1/2小勺

| 做法 |
1 舞茸撕碎，洋葱切碎。
2 将猪肉馅、步骤1的材料、材料A放入耐热碗中搅匀，盖上保鲜膜后用微波炉加热12分钟左右（约8分钟时搅拌一次）。

创新

用生菜等蔬菜包起来食用，或浇在米饭上做成盖浇饭，都很美味。

冷藏3~4日
冷冻7周

冷藏2~3日
冷冻7周

平底锅

味道醇厚，放入便当也很好吃 酱油

土豆丝炒肉末

1人份 205千卡 / 盐分 0.6克

| 材料·4～5人份 |
猪肉馅…250克
土豆…2～3个
色拉油…1/2大勺
┌ 酱油…1大勺
A 炒白芝麻、白砂糖
└ …各1小勺

| 做法 |
1 土豆去皮、切丝，用冷水冲洗后用厨房纸巾充分擦干。
2 平底锅中倒油，中火加热，加入猪肉馅和土豆丝翻炒。土豆丝炒到能用筷子戳断为止，盖上盖子煮熟，注意搅拌。
3 加材料A翻炒。

快速

迅速炒好，保留白菜脆脆的口感 咸味

肉末白菜

1人份 159 千卡 / 盐分 1.0 克

| 材料·2~3人份 |

猪肉馅…150克

白菜…1/8棵

香油…1/2大勺

A
鸡精、料酒…各1小勺
淀粉…1小勺
（加3大勺水化开）
蒜末…1/2小勺
盐、胡椒…各少许

| 做法 |

1 白菜切成4厘米长、2厘米宽的条。

2 平底锅中倒入香油，中火加热，将猪肉馅翻炒变色后加白菜继续炒。

3 加材料A翻炒。

创新

也可以用斜切成薄片的西芹代替白菜。

10分钟
完成

15分钟
完成

让粉丝充分吸收肉馅的鲜味 辛辣

肉末韭菜麻婆粉丝

1人份 227 千卡 / 盐分 1.3 克

| 材料·2~3人份 |

猪肉馅…150克

韭菜…1/2把

大葱…1/3根

粉丝（短）…40克

香油…1大勺

A
水…1杯
酱油…1/2大勺
豆瓣酱…1/2小勺
鸡精、白砂糖
…各1小勺
蒜末…1/4小勺

淀粉…1小勺
（加1/2大勺水化开）

| 做法 |

1 韭菜切成5厘米长的段，大葱斜切成薄片。

2 平底锅中倒入香油，中火加热，放入猪肉馅、大葱翻炒。

3 猪肉馅炒熟后加材料A煮沸，加入粉丝，边搅拌边煮3分钟。加入韭菜、水淀粉后翻炒。

足量

无须包裹，撒上切成细丝的面皮，方法简单 酱油

微波炉花样烧卖

1人份 276 千卡 / 盐分 0.4 克

| 材料 · 4 ~ 5人份（约16个） |
猪肉馅…400克
洋葱…1/4个
烧卖皮…24张
A
| 淀粉…3大勺
| 酱油、料酒
| …各1/2大勺
| 香油…2小勺
| 姜末…1小勺
酱油、芥末（根据个人口味）
…各适量

| 烹饪要点 |

放入微波炉前喷水是为了防止烧卖皮干燥。

| 做法 |

1 洋葱切丝，烧卖皮切成 5 毫米宽的丝（可以用厨房剪剪碎）。

2 将猪肉馅和洋葱、材料 A 装入保鲜袋中充分混合，团成直径 4 厘米左右的丸子，撒上烧卖皮，用手轻轻调整形状。

3 在耐热容器中铺烘焙纸，摆好烧卖。用喷壶喷水（或在容器中均匀淋 1 大勺水），盖上保鲜膜后用微波炉加热 12 ~ 13 分钟。根据个人口味加酱油和芥末。

微波炉

冷藏 2~3日
冷冻 7周

加入番茄酱的甜醋冷却后依然美味 浓郁

甜醋肉丸

1人份 286 千卡 / 盐分 1.5 克

| 材料 · 4 ~ 5人份（约20克） |
A
| 猪肉馅…400克
| 面包粉…1/2杯
| 鸡蛋…1个
| 料酒…1大勺
| 姜末…1/2小勺
香油…2大勺
B
| 水…1/3杯
| 醋、白砂糖…各3大勺
| 番茄酱…2大勺
| 淀粉…1大勺
| （加少许水化开）
| 酱油…1½大勺
| 鸡精…1小勺

| 做法 |

1 将材料 A 搅拌均匀，团成直径 4 厘米的丸子。

2 平底锅中倒入香油，中火加热，放入丸子，盖上盖子焖熟，注意翻面。

3 用厨房纸巾擦掉多余的油，加材料 B 后加热，搅拌均匀。

冷藏 3~4日
冷冻 7周

平底锅

混合肉馅

快手菜

像铁板烧一样丰富的味道 浓郁

烤混合肉馅

1人份 242 千卡 / 盐分 0.6 克

| 材料·2~3人份 |

混合肉馅…250克
盐、胡椒…各少许
干香草（选用）…少许
芝士片…1片

A｜料酒…1/2大勺
　｜酱油…1小勺
　｜蒜末…少许
　｜黄油…3个

菜叶（根据个人口味）
　…适量

| 做法 |

1 用手压紧肉馅，放入平底锅中，撒盐、胡椒、干香草。
2 中火加热平底锅，用木铲按压肉馅并切成两三等份，盖上盖子焖熟。
3 用厨房纸巾擦净渗出的油脂，加材料 A 煮沸。将切成 3 等份的芝士片放在肉馅上装盘。根据个人口味搭配菜叶。

10分钟完成

12分钟完成

只需现成的调味料就能轻松完成 浓郁

简易塔可饭

1人份 509 千卡 / 盐分 0.9 克

| 材料·2~3人份 |

混合肉馅…250克
洋葱…1/4 个

A｜番茄酱…2大勺
　｜伍斯特酱…1/2大勺
　｜胡椒、辣椒粉（选用）
　　　…各少许
　｜料酒…1大勺

热米饭…2~3碗
生菜丝、番茄酱、芝士
　…各适量

| 做法 |

1 洋葱切薄片。
2 平底锅中加入肉馅和洋葱，中火翻炒，肉馅炒熟后用厨房纸巾擦去多余的油，加材料 A 翻炒均匀。
3 盛米饭，撒生菜丝，盖上步骤 2 的材料，加番茄酱和芝士。

创新

也可以夹在面包或煎蛋卷中。

肥瘦均衡，混合肉馅非常适合制作西式料理，也适合制作大分量的料理。

高汤让味道更加爽口 咸味

圆白菜肉卷

1人份 296 千卡 / 盐分 1.5 克

| 材料 · 4 ~ 5人份 |
圆白菜
　…10 ~ 12片（2/3个）
培根…2片
A｛
　混合肉馅…400克
　洋葱（切丝）…1/4个
　鸡蛋…1个
　面包粉…1/2杯
　盐…1/4小勺
　胡椒…少许
B｛
　水…3杯
　固体浓汤宝…2个

| 做法 |
1 圆白菜洗净，不要沥水，直接放入耐热容器中，盖上保鲜膜后用微波炉加热6分钟左右。泡水冷却，沥干水分后用擀面杖敲打菜心。培根切成2厘米宽的片。
2 将材料A装入保鲜袋中充分混合，根据圆白菜的片数分成10 ~ 12等份。用圆白菜包好，用牙签固定。
3 将圆白菜肉卷放入较深的耐热容器中，放上培根，淋材料B后盖上保鲜膜，用微波炉加热15分钟左右。

微波炉

冷藏 2~3日
冷冻 7周

不喜欢青椒的人也能吃得很香 甜辣

青椒酿肉

1人份 286 千卡 / 盐分 1.8 克

| 材料 · 4 ~ 5人份 |
混合肉馅…400克
青椒…6 ~ 8个
洋葱…1/4个
A｛
　面包粉…1/2杯
　鸡蛋…1个
　盐…1/4小勺
　胡椒…少许
面粉…适量
色拉油…1小勺
B｛
　酱油…2½大勺
　味醂…1½大勺
　料酒…2½大勺
　白砂糖…1小勺
　淀粉…1小勺
　（加1大勺水化开）

| 做法 |
1 青椒纵向切成两半，去籽，内侧涂面粉。洋葱切丝。
2 将混合肉馅、洋葱和材料A充分搅拌，塞进青椒里。
3 平底锅中倒油，中火加热，将青椒酿肉的肉馅朝下摆好。稍调小火，盖上盖子加热3 ~ 5分钟，翻面后盖上盖子再加热3 ~ 5分钟。
4 用厨房纸巾擦去多余的油，加入材料B搅拌均匀。

冷藏 2~3日
冷冻 7周

平底锅

快速

8分钟完成

享受小松菜脆脆的口感　香料

黑胡椒风味小松菜炒肉末

1人份　231千卡／盐分0.7克

| 材料·2～3人份 |

混合肉馅…200克
小松菜…3/4棵
酱油…1小勺
色拉油…1小勺
盐…少许
黑胡椒碎…适量

| 做法 |

1 小松菜切成6厘米长的段。
2 平底锅中倒入色拉油，中火翻炒肉馅，炒熟后加入小松菜，大火迅速翻炒。
3 多撒些黑胡椒碎，用盐、酱油调味。

创新

可以用圆白菜或豆芽代替小松菜。

20分钟完成

足量

更容易炸透的小个炸肉饼　浓郁

圆白菜炸肉饼

1人份　278千卡／盐分1.0克

| 材料·2～3人份（6个） |

A ┃ 混合肉馅…200克
　┃ 圆白菜（切丝）
　┃ 　…1～2片（50克）
　┃ 盐…1/4小勺
　┃ 胡椒…少许
B ┃ 鸡蛋…1个
　┃ 面粉…2大勺
面包粉…适量
色拉油…适量
酱料（根据个人口味）
　…适量
沙拉菜叶、圣女果（根据个人口味）…各适量

| 做法 |

1 将材料A搅拌均匀后分成6等份，捏成1.5厘米厚的圆饼。
2 将材料B混合均匀，搅拌到蛋糕坯的硬度。
3 将步骤2的材料涂在肉饼上，撒足量面包粉。
4 平底锅中倒入2厘米左右深的油，中火加热，放入肉饼炸两三分钟，一边上下颠锅一边小火再炸六七分钟。装盘后淋酱料，根据个人口味搭配沙拉菜叶和圣女果。

用足量大豆增加分量 （香料）

辣味大豆炒肉末

1人份 294 千卡 / 盐分 1.3 克

| 材料 · 4 ~ 5 人份 |

混合肉馅…300 克

洋葱…1/2 个

水煮大豆…200 克

A
- 水煮番茄罐头…1/2 罐（200 克）
- 干红辣椒…1 个
- 浓汤宝…1 个
- 橄榄油…2 大勺
- 料酒…1½ 大勺
- 酱油…1 大勺
- 蒜末…1/2 小勺
- 白砂糖…1 小勺
- 盐、胡椒…各少许

| 做法 |

1 洋葱切碎。

2 将肉馅、洋葱和材料 A 放入耐热碗中搅匀，盖上保鲜膜后用微波炉加热 5 ~ 7 分钟左右做熟。

3 取出搅拌，加入沥干水分的大豆后继续加热 1 分钟。

微波炉

冷藏 3~4 日
冷冻 7 周

用白酱调制出别出心裁的味道 （浓郁）

奶油肉丸

1人份 311 千卡 / 盐分 1.1 克

| 材料 · 4 ~ 5 人份（40克）|

混合肉馅…400 克

洋葱（切碎）…1/3 个

A
- 鸡蛋…1 个
- 面包粉…1/2 杯
- 盐…1/4 小勺
- 胡椒…少许

橄榄油…1 大勺

B
- 牛奶…3/4 杯
- 白酱罐头…约 1/4 罐（70 克）
- 料酒…2 大勺
- 伍斯特酱（或酱油）…1/2 大勺
- 淀粉…1/2 大勺（用 1/2 大勺水化开）
- 鸡精…1/2 小勺
- 胡椒…少许

| 做法 |

1 将肉馅、洋葱、材料 A 放入碗中充分搅拌，团成玻璃球大小的丸子。

2 平底锅中倒入橄榄油，中火加热，放入丸子，盖上盖子一边晃动一边加热。

3 煮熟后取出，擦净平底锅中的油（不用去掉烧焦的锅巴）。加入材料 B 后小火加热，酱汁变浓稠后放入肉丸搅拌均匀。

冷藏 2~3 日
冷冻 7 周

平底锅

老少皆宜! 肉制品料理

火腿、香肠、培根、叉烧等肉制品不仅使用方便，而且味道浓郁，
用来做菜时能让调味更加简单。

快手菜

8分钟完成

吃不腻的家常菜　1人份　117千卡／盐分0.9克

叉烧黄瓜粉丝沙拉

| 材料·2~3人份 |

叉烧（薄片、市售）…4片
黄瓜…1/2根
粉丝…20克

A
香油…1大勺
醋…1/2大勺
酱油…1小勺
炒白芝麻…1小勺

| 做法 |

1 用热水泡发粉丝，用冷水冲洗后拧干水分，切成三四等份。叉烧和黄瓜切丝。
2 将步骤 1 的材料和材料 A 混合。

享受黄瓜的口感　1人份　157千卡／盐分1.0克

香肠豆沙拉

| 材料·2~3人份 |

香肠…4根
混合豆子…50克
黄瓜…1根

A
橄榄油…1大勺
酱油…1/2小勺
醋…1/2大勺
盐、胡椒…各少许

| 做法 |

1 香肠切成 1 厘米厚的片，放入耐热容器中，盖上保鲜膜后用微波炉加热 40 秒~1 分钟。黄瓜切成 1 厘米见方的块。
2 将步骤 1 的材料、混合豆子和材料 A 混合。

5分钟完成

8分钟完成

改良过的酱汁调出时尚的味道　1人份　127千卡／盐分1.3克

煎火腿配酱汁

| 材料·2~3人份 |

火腿…6片
面粉…适量
黄油…8克

A
伍斯特酱…1小勺
牛奶…1/2杯

| 做法 |

1 将两片火腿重叠后切成两半，涂面粉。
2 在平底锅中放黄油，中火加热，双面煎火腿。
3 火腿装盘，将材料 A 放入同一平底锅中，小火加热，酱汁变黏稠后淋在火腿上。

冷藏 2~3日
不可冷冻

冷藏 2~3日
冷冻 4周

爽口的味道，非常适合当作小菜　1人份　131千卡/盐分1.3克

洋葱火腿腌菜

| 材料·4~5人份 |

火腿…8片
洋葱…1/2个
A ⎡ 橄榄油…2大勺
　⎜ 醋…1大勺
　⎜ 盐…1/4小勺
　⎣ 胡椒…少许

| 做法 |

1 火腿切成扇形。洋葱切丝，在水中浸泡5分钟后沥干水分。
2 将步骤1的材料和材料A混合。

能感受到香草的风味　1人份　118千卡/盐分0.9克

香草味西葫芦炒香肠

| 材料·4~5人份 |

香肠…8根
西葫芦…1个
橄榄油…1/2大勺
盐、胡椒…各少许
干香草…适量

| 做法 |

1 香肠斜刀切成3等份，西葫芦切成5毫米厚的片。
2 平底锅中倒入橄榄油，翻炒步骤1的材料。
3 加盐、胡椒、干香草调味。

冷藏 2~3日
不可冷冻

冷藏 2~3日
冷冻 4周

热腾腾的料理带着温和的甜味　1人份　280千卡/盐分1.1克

奶油味南瓜炖培根

| 材料·4~5人份 |

培根…6片
南瓜…1/5个（净重250克）
洋葱…1/4个
黄油…8克
A ⎡ 水…1/2杯
　⎣ 料酒…1大勺
牛奶…1/2杯
盐、胡椒…各少许

| 做法 |

1 培根分成4等份，南瓜去籽后切成5~8毫米的片，洋葱切片。
2 平底锅中加入黄油，中火加热，翻炒步骤1的材料。
3 加入材料A后盖上盖子，加热4分钟。倒入牛奶后再煮两三分钟，煮至南瓜变软，用盐、胡椒调味。

非常适合放在便当中　1人份　83千卡/盐分1.3克

味噌叉烧炒青椒丝

| 材料·4~5人份 |

叉烧（市售）…150克
青椒…5个
色拉油…1/2大勺
A ⎡ 味噌…1大勺
　⎜ 味醂…2小勺
　⎜ 酱油…1/2小勺
　⎣ 姜末…1/2小勺

| 做法 |

1 叉烧和青椒切成5毫米宽的丝。
2 平底锅中倒油，中火加热，翻炒步骤1的材料。
3 加入材料A后翻炒均匀。

79

调味后冷冻的快手菜
肉类冷冻菜

只要有提前冷冻好的肉，立刻就能做出一道菜。
调好味的肉和蔬菜要分别冷冻保存，解冻后加热
即可。

蛋黄酱调味的鸡肉口感柔软

韩式辣酱蛋黄酱味鸡肉炒青椒

| 材料·2~3人份 |
鸡胸肉1片（250克）/青
椒3个/A（蛋黄酱2大勺/
料酒、韩式辣酱各1大勺/
香油1/2大勺/姜末1小勺）

| 腌制 |
鸡胸肉去皮后切成2厘米
左右长的丝，与材料A混
合后装入保鲜袋中腌制、冷冻，尽量摊平。青椒纵向切成
6等份后放入另一保鲜袋中冷冻。

| 做法 |
鸡胸肉用流水半解冻，与调味汁一起放入平底锅中，盖上
盖子小火加热，注意搅拌。彻底化开后加青椒中火炒熟。
水分不够时可加水，每次加1大勺，中火翻炒。

利用盐曲突出鲜味

盐曲腌猪肉

| 材料·2~3人份 |
猪肉片250克/西蓝花1/2
棵/A（盐曲3大勺/料酒
2大勺/姜末1小勺/色拉
油1小勺）

| 腌制 |
将猪肉片与材料A混合后
装入保鲜袋中腌制、冷冻，
尽量摊平。西蓝花分成小
朵，较厚的部分切成两半，
放在另一袋中冷冻。

| 做法 |
猪肉片用流水半解冻，与调味汁一起放入平底锅中，同时
放入冷冻西蓝花，加1大勺水，盖上盖子小火加热。全部
化开后开盖，中火炒熟。

热乎乎的红薯非常美味

肉片炖红薯

| 材料·2~3人份 |
猪肉片150克/红薯2/3~
1个（250~300克）/洋
葱1/2个/A（酱油2½大勺/
料酒、味酥各1½大勺/白
砂糖2小勺/日式高汤颗粒
1小勺）

| 腌制 |
将较大的猪肉片切成两三
等份，与材料A混合后装入保鲜袋中腌制、冷冻，尽量摊
平。红薯切成1厘米厚的片，用冷水冲洗3~5分钟后沥
干水分。洋葱切成月牙形后散开。将红薯和洋葱放在另一
保鲜袋中冷冻。

| 做法 |
猪肉片用流水半解冻，与调味汁一起放入平底锅中，同时
放入冷冻蔬菜，加水没过所有食材，中火炖煮。全部化开
后盖上铝箔纸煮10分钟左右。

老少皆宜的番茄味道

番茄酱玉米炖牛肉

| 材料·2~3人份 |
牛肉块250克/洋葱1/2个/
豆角4根/玉米粒2大勺/
盐、胡椒各少许/A（番茄
酱6大勺/料酒1大勺/伍
斯特酱1小勺/蒜末1/3小
勺/黄油适量）

| 腌制 |
牛肉块上撒盐和胡椒，与
材料A混合后装入保鲜袋中腌制、冷冻，尽量摊平。洋葱
切薄片，豆角分成3等份，与玉米粒一起放在另一袋中冷冻。

| 做法 |
牛肉块用流水半解冻，与调味汁一起放入平底锅中，同时
放入冷冻蔬菜，盖上盖子小火加热。化开后开盖，水分不
够时可加水，每次加1大勺，中火炒熟。

Part3

鱼料理

使用现成的鱼块就能轻松做出一道菜，本章将介绍容易买到，吃起来也很方便的三文鱼、鲕鱼、鳕鱼、旗鱼等做成的料理。不仅方便制作，还可以享受到炸鱼、奶油炖鱼等家常菜中不常见的吃法。鱼块既健康又有嚼劲，熟练掌握后，菜品种类就会增加，做饭时的选择也会更多。

三文鱼

快手菜

快速

能迅速吃完的美味 （酱油）

腌三文鱼盖浇饭

1人份 439 千卡 / 盐分 1.9 克

| 材料·2～3人份 |

三文鱼（生鱼片，薄片）
…200克

| 酱油…2大勺
A 味醂…1大勺
| 姜末…1小勺

萝卜苗…1/2包（20克）
热米饭…2～3碗
海苔碎…适量
芥末（根据个人口味）
…适量

| 做法 |

1 将三文鱼用混合好的材料 A 腌制 5 分钟，萝卜苗切成 3 厘米长的段。

2 热米饭装在碗里，铺上海苔碎和步骤 1 的材料，根据个人口味加芥末。

创新

可以用金枪鱼代替三文鱼，加入山药泥做成金枪鱼盖浇饭。

8分钟
完成

12分钟
完成

足量

味道柔和，淡淡的咖喱香 （香料）

咖喱奶油三文鱼

1人份 198 千卡 / 盐分 1.1 克

| 材料·2～3人份 |

生三文鱼…2块（200克）
西葫芦…1/2个
洋葱…1/2个
盐、胡椒、面粉…各适量
黄油…10克

| 牛奶…2/3杯
A 咖喱粉…1½大勺
| 盐…少许

| 做法 |

1 将三文鱼切成 3 等份，撒盐、胡椒、面粉。西葫芦切成 5 毫米厚的片，洋葱切丝。

2 平底锅中加入黄油，中火加热，放入步骤 1 的材料，三文鱼双面煎。

3 三文鱼熟后加材料 A，煮一两分钟。

三文鱼是日本人餐桌上出现率最高的鱼。
价格亲民，只要学会更多的做法，就不会吃腻。

入味后比刚出锅时更美味 （爽口）

醋腌三文鱼蔬菜丝

1人份　189 千卡／盐分 1.8 克

| 材料·4~5人份 |

生三文鱼…4块（400克）
青椒…2个
洋葱…1个
胡萝卜…1/2根
盐、胡椒、面粉…各适量
色拉油…1½大勺

A ┃ 蘸面汁（2倍浓缩）、水
　　┃ 　…各1/2杯
　　┃ 醋…4大勺
　　┃ 白砂糖…1小勺
　　┃ 盐…少许

| 做法 |

1 三文鱼切成三四等份，撒盐、胡椒和面粉。青椒切丝，洋葱切片，胡萝卜切丝。
2 将三文鱼放入耐热容器中，淋色拉油，盖上保鲜膜后用微波炉加热 5~7 分钟。加入蔬菜后继续加热 20~30 秒，淋混合均匀的材料 A。

微波炉

冷藏 2日
冷冻 4周

炸出酥脆的口感 （咸味）

香草面包粉炸三文鱼

1人份　278 千卡／盐分 0.9 克

| 材料·4人份 |

生三文鱼…4块（400克）
盐、胡椒、面粉…各适量
蛋液…1个

A ┃ 面包粉…3/4杯
　　┃ 芝士粉…1½大勺
　　┃ 干香草…1/2小勺
橄榄油…3大勺

| 做法 |

1 三文鱼分成两半，擦干水分。撒盐、胡椒，依次涂面粉、蛋液。
2 在三文鱼上涂抹足量混合均匀的材料 A。
3 在平底锅中倒入 1½ 大勺橄榄油，中火加热，放入三文鱼后小火炸 4 分钟左右，变色后翻面，加入剩余橄榄油再炸三四分钟。

冷藏 2~3日
冷冻 4周

平底锅

鲕鱼

快速

在淋酱汁前擦净油脂 酱油

照烧鲕鱼

1人份 335 千卡 / 盐分 1.0 克

| 材料·2人份 |

鲕鱼…2块（200克）
面粉…适量
色拉油…1小勺
┌ 酱油…1½大勺
A 料酒、味醂…各1大勺
└ 白砂糖…1小勺
青紫苏（选用）…适量

| 做法 |

1 鲕鱼上涂面粉。
2 平底锅中倒油，中火加热，摆好鲕鱼。盖上盖子煎2～4分钟，变色后翻面。
3 煎熟后用厨房纸巾擦掉多余的油脂，加材料A搅拌后装盘，用青紫苏（选用）点缀。

创新

可以撒柚子皮碎，味道会更高级。

10分钟完成

12分钟完成

足量

韩式甜味噌的味道，超下饭 甜辣

韩式辣酱炒鲕鱼

1人份 288 千卡 / 盐分 0.9 克

| 材料·2～3人份 |

鲕鱼…2块（200克）
大葱…1根
面粉…适量
香油…1大勺
┌ 韩式辣酱、料酒
A　各1大勺
└ 酱油…1小勺

| 做法 |

1 鲕鱼去皮后切成4～6等份，涂面粉。大葱斜刀切小段。
2 平底锅中倒入香油，中火加热，放入鲕鱼翻炒4～6分钟。
3 炒熟后加材料A翻炒。

创新

可以加1大勺蛋黄酱，味道更醇厚。

鰤鱼脂肪含量高，有嚼劲，适合做主菜。
除了常见的照烧风味，同样推荐使用其他调味方法。

常备菜

微波炉

冷藏 2~3日
冷冻 4周

冷藏 2~3日
冷冻 4周

平底锅

松软多汁的口感 （味噌）

微波炉味噌煮鰤鱼

1人份 238 千卡 / 盐分 1.3 克

| 材料·4~5人份 |
鰤鱼…4块（400克）
　料酒、水…各2大勺
　味噌…1½大勺
　味酥…1大勺
A 酱油、白砂糖
　　…各1/2大勺
　日式高汤颗粒…1小勺
　姜末…1小勺

| 做法 |
1 鰤鱼切成两半。
2 放入较深的耐热容器中，淋混合均匀的材料A，盖上保鲜膜后用微波炉加热7分钟左右。

爽口健康的炸鱼块 （酱油）

炸鰤鱼

1人份 276 千卡 / 盐分 1.1 克

| 材料·4~5人份 |
鰤鱼…4块（400克）
　酱油…2大勺
A 料酒…1大勺
　姜末…1/2大勺
淀粉…适量
色拉油…适量

| 做法 |
1 鰤鱼去皮，每块切成4~6等份。与材料A一起放入保鲜袋中腌制两三分钟，涂抹淀粉。
2 平底锅中倒入2厘米左右的油，中火加热，放入鰤鱼炸四五分钟，注意翻面。放在厨房纸巾上沥干油分。

鳕鱼

快手菜

快速

10分钟
完成

高档食材的味道 （酱油）

水菜煮鳕鱼

1人份 134千卡／盐分4.9克

| 材料·2～3人份 |
鳕鱼…2块（200克）
水菜…1棵
盐、胡椒…各少许
淀粉…适量
A { 蘸面汁（2倍浓缩）、
水…各1/2杯
姜末…1/2小勺

| 做法 |
1 鳕鱼切成三四等份，撒盐、胡椒后涂淀粉。水菜切成5厘米长的段。
2 用平底锅中火加热材料A，放入鳕鱼，盖上盖子煮四五分钟，加入水菜后再煮1分钟。

创新
可加入1/4杯白萝卜碎一起煮。

足量

15分钟
完成

用芝士和蛋黄酱为清淡的鳕鱼调味 （浓郁）

芝士鳕鱼蒸土豆

1人份 179千卡／盐分1.3克

| 材料·2～3人份 |
鳕鱼…2块（200克）
土豆…1个（大）
盐、胡椒…各少许
料酒…1大勺
蛋黄酱…1/2大勺
橄榄油…适量
芝士…50克
黑胡椒碎…少许

| 做法 |
1 在鳕鱼上撒盐和胡椒。土豆去皮后切成3毫米厚的片。
2 耐热盘中涂橄榄油，放上土豆，盖上保鲜膜后用微波炉加热2分钟左右。
3 放入鳕鱼，淋料酒，涂蛋黄酱，盖上保鲜膜后用微波炉加热5～7分钟。做熟后放芝士，用微波炉加热30～40秒将芝士化开，撒黑胡椒碎。

创新
也可以用市售奶油烤菜酱汁代替蛋黄酱。

鳕鱼是白肉鱼，味道清淡，适合简单的调味。
这里将为大家介绍能充分发挥出鳕鱼高级鲜味的简单菜谱。

常备菜

留住鳕鱼和蔬菜的鲜味 爽口

海鲜烩风格蒸鳕鱼

1人份 159 千卡 / 盐分 0.9 克

| 材料·4人份 |

鳕鱼…4块（400克）
培根…2片
圣女果…12个
洋葱…1/3个
盐、胡椒…各少许

A
┃ 料酒…2大勺
┃ 橄榄油…4小勺

| 做法 |

1 鳕鱼撒盐、胡椒。培根切成1厘米宽的条，圣女果划开，洋葱切片。

2 准备4张烘焙纸，将步骤1的材料分成4份，按照洋葱、培根、鳕鱼、圣女果的顺序依次放在纸上。淋材料A，折起烘焙纸，两边拧紧。

3 放入耐热容器中，用微波炉加热12分钟左右。

微波炉

冷藏 2 日
冷冻 4 周

青海苔增加了鲜味 咸味

青海苔鳕鱼天妇罗

1人份 274 千卡 / 盐分 0.6 克

| 材料·4~5人份 |

鳕鱼…4块（400克）
盐、胡椒…各少许

A
┃ 鸡蛋…1/2个
┃ 水…1/3杯
┃ 青海苔…1/2大勺
┃ 面粉…3/4杯

色拉油…适量
蘸面汁等（根据个人口味）
…适量

| 做法 |

1 鳕鱼去皮、去骨，切成三四等份，撒盐、胡椒。

2 按照菜谱顺序混合材料A，涂在鳕鱼上。

3 平底锅中倒入2厘米深的油，中火加热，放入鳕鱼炸四五分钟，注意翻面。放在厨房纸巾上沥干油分。食用时搭配蘸面汁等调料。

平底锅

冷藏 2~3 日
冷冻 4 周

旗鱼

快手菜

大量黑胡椒增加辛辣口感 `香料`

黑胡椒煎旗鱼

1人份 186千卡 / 盐分 2.0克

| 材料·2人份 |
旗鱼…2块（200克）
盐、黑胡椒碎…各适量
黄油…5克
A ┌ 料酒…1大勺
  └ 酱油…1大勺
菜叶（根据个人口味）
　…适量

| 做法 |
1 旗鱼上撒盐和黑胡椒碎。
2 平底锅中放入黄油，中火加热，放上旗鱼双面煎四五分钟后装盘。
3 用厨房纸巾擦净平底锅，放入材料 A 煮沸，淋在煎好的旗鱼上，根据个人口味搭配菜叶。

创新
可以加入切片的番茄和牛油果增加分量。

8分钟完成

12分钟完成

用红藻调味 `爽口`

红藻风味嫩煎旗鱼块

1人份 176千卡 / 盐分 0.8克

| 材料·2~3人份 |
旗鱼…2块（200克）
盐、胡椒、面粉…各适量
A ┌ 鸡蛋…1个
  └ 红藻…1小勺
橄榄油…1/2大勺

| 做法 |
1 旗鱼切成三四等份，撒盐、胡椒，涂面粉。
2 将材料 A 混合均匀后涂在旗鱼上。
3 平底锅中倒入橄榄油，中火加热，放入旗鱼，用小火双面煎五六分钟。

快速

足量

旗鱼的口感和肉相似，适合做成主菜。
还有一个优点是没有刺，吃起来很方便。

微波炉

冷藏 2~3日
冷冻 7周

冷藏 2~3日
冷冻 7周

平底锅

重点是酸奶 （香料）

异域风味咖喱豆角煮旗鱼

1人份 169 千卡 / 盐分 1.6 克

| 材料·4~5人份 |
旗鱼…4块（400克）
豆角…8根
番茄…1个
洋葱…2/3个
　　原味酸奶…1/3杯
　　牛奶…2大勺
A　咖喱粉…1½大勺
　　鱼露…1大勺
　　盐…1/2小勺

| 做法 |
1 旗鱼切成 1.5 厘米宽的
条。豆角切三四段，番茄切
块，洋葱切片。
2 在耐热碗中混合材料 A，
加入步骤 1 的材料搅拌均
匀。盖上保鲜膜后用微波
炉加热 10 分钟左右。

裹满甜咸口味的酱料 （浓郁）

蜂蜜芥末煎旗鱼

1人份 170 千卡 / 盐分 1.1 克

| 材料·4~5人份 |
旗鱼…4块（400克）
盐、胡椒、面粉…各适量
橄榄油…1大勺
　　蜂蜜、酱油…各1大勺
A　芥末粒、清酒
　　…各2小勺

| 做法 |
1 旗鱼切成 2 块，撒盐、
胡椒后涂面粉。
2 平底锅中倒入橄榄油，中
火加热，放入旗鱼。盖上
盖子小火煎两三分钟，翻面
后再煎两三分钟。
3 用厨房纸巾擦净多余的
油脂，加材料 A 搅拌均匀。

充分利用! 冷冻海鲜料理

海鲜类食材预处理工序复杂,推荐使用冷冻食材。即使是干烧虾仁和炸什锦海鲜也能轻松完成。请充分利用市面上买到的各种冷冻海鲜。

快手菜

充分冷却后用来下酒　1人份　129千卡/盐分1.2克

醋渍鱿鱼

| 材料·2~3人份 |

鱿鱼(冷冻)…250克
洋葱…1/2个
红甜椒…1/4个
盐、胡椒…各少许
料酒…1大勺

A
┌ 橄榄油…2大勺
│ 柠檬汁、醋…各1大勺
│ 盐…1/3小勺
└ 胡椒…少许

| 做法 |

1 洋葱切片后用冷水冲洗5分钟,充分拧干水分。红甜椒切丝。

2 锅中水煮沸后加料酒,放入鱿鱼煮三四分钟,煮熟后用冷水冲洗,沥干水分后撒盐、胡椒。

3 将步骤1、步骤2的材料加材料A拌匀。

用蚝油提鲜　1人份　103千卡/盐分0.9克

中式鱿鱼炒芹菜

| 材料·2~3人份 |

鱿鱼(冷冻)…250克
芹菜…1/2根
香油…1/2大勺

A
┌ 水…2大勺
│ 料酒…2小勺
│ 鸡精…1小勺
│ 蚝油…2/3小勺
│ 蒜末…1/2小勺
└ 淀粉…1小勺
　(加少量水化开)

| 做法 |

1 芹菜茎斜刀切薄片,叶子切小块。

2 平底锅中倒入香油,中火加热,加入步骤1的材料炒两三分钟。

3 加入鱿鱼后炒四五分钟,炒熟后加混合后的材料A翻炒。

轻松做出意式蒸海鲜　1人份　157千卡/盐分0.9克

鱿鱼海鲜烩

| 材料·2~3人份 |

鱿鱼(冷冻)…200克
番茄…1/2个
洋葱…1/4个
培根…1片
橄榄油…1大勺

A
┌ 料酒…2大勺
└ 蒜末…1/2小勺
盐、胡椒…适量
黑胡椒碎…少许
干罗勒(选用)…适量

| 做法 |

1 鱿鱼撒盐、胡椒。番茄切成2厘米见方的块,洋葱切片,培根切成1厘米宽的条。

2 平底锅中倒入橄榄油,中火加热,炒鱿鱼、洋葱、培根。

3 加入番茄和材料A翻炒,用盐、黑胡椒碎调味。装盘,撒干罗勒(选用)。

松脆的面包粉芳香扑鼻　1人份　141千卡／盐分0.6克

香草面包粉烤虾

| 材料·2～3人份 |

虾（冷冻、带壳）
…6～8只
盐、胡椒…各适量
西葫芦…1/3根
A
橄榄油…2大勺
芝士粉…1大勺
面包粉…5大勺
干香草…1小勺
蒜末…1/2小勺

| 做法 |

1 虾解冻后去壳、去虾线，撒盐、胡椒。西葫芦切成5毫米厚的片。

2 将步骤1的材料放入耐热容器中，放混合均匀的材料A。

3 用铝箔纸盖在食材上，用烤箱烤6～8分钟，烤熟后去掉铝箔纸，继续烤至面包粉变脆。

重点是加入洋葱和柠檬汁　1人份　201千卡／盐分0.4克

虾仁牛油果沙拉

| 材料·2～3人份 |

虾仁（冷冻）…150克
牛油果…1个
洋葱…1/4个
A
蛋黄酱…2大勺
柠檬汁…1/2大勺
盐、黑胡椒碎…各少许

| 做法 |

1 虾仁去虾线，煮熟后放在滤网中散热。

2 牛油果去皮，切成1.5厘米见方的块。洋葱切片后用冷水冲洗，用厨房纸巾包住，轻轻拧干。

3 步骤1、步骤2的材料加材料A拌匀。

用冷冻食品和白酱罐头，做法简单

海鲜奶汁烤菜

1人份　233千卡／盐分2.1克

| 材料·2～3人份 |

混合海鲜（冷冻）…150克
西蓝花（冷冻）…100克
A
白酱罐头
…1罐（300克）
牛奶…1/4杯
盐、胡椒…各少许
芝士…60克

| 做法 |

1 解冻混合海鲜，擦干水分。

2 将海鲜、西蓝花和材料A拌匀。

3 放入耐热容器中，加芝士，用烤箱烤10～15分钟，至海鲜烤熟，芝士有焦痕（烤箱温度为200～220℃）。

很适合放在便当中　1人份　136千卡／盐分1.8克

八宝菜风格炒海鲜

| 材料·2～3人份 |

混合海鲜（冷冻）…250克
香菇…2片
小松菜…1/2把
红甜椒…1/8个
香油…1大勺
A
水…80毫升（5大勺）
料酒…1/2小勺
鸡精…1/2大勺
酱油…1/2小勺
盐、胡椒…各少许
淀粉…2小勺
（加少许水化开）

| 做法 |

1 小松菜切成4厘米长的段，香菇切片，红甜椒切丝。

2 平底锅中倒入香油，中火加热，放入海鲜、红甜椒和香菇炒三四分钟，炒熟后加入小松菜继续翻炒片刻。

3 加入混合后的材料A，边搅拌边煮一两分钟，煮至黏稠。

冷藏 2~3日 / 冷冻 4周

分量十足的经典菜品

辣酱炒虾仁

1人份　158 千卡 / 盐分 1.7 克

| 材料·4~5人份 |

虾仁（冷冻）…400克
盐、胡椒、淀粉…各适量
大葱…1根
香油…2大勺

A
　水…3/4 杯
　番茄酱…2大勺
　料酒…1大勺
　醋…1/2 大勺
　豆瓣酱、白砂糖、酱油
　　…各2小勺
　淀粉（加少许水化开）
　　…1大勺
　鸡精…1小勺
　姜末、蒜末…各1小勺

| 做法 |

1 虾仁解冻后撒盐、胡椒，抹淀粉。大葱切小段。
2 平底锅中倒入香油，中火加热，加入虾仁炒三四分钟至变色。加入大葱和混合好的材料 A 继续翻炒。

冷藏 2~3日 / 冷冻 4周

加入足量蔬菜激发食欲

蛋黄酱虾仁

1人份　166 千卡 / 盐分 0.8 克

| 材料·4~5人份 |

虾仁（冷冻、大）…400克
盐、胡椒…各少许
料酒…1小勺
淀粉…适量
大葱…1根
香油…1/2 大勺

A
　牛奶、蛋黄酱
　　…各3½大勺
　番茄酱、酱油
　　…各1小勺
　蒜末、姜末
　　…各1/2 小勺

| 做法 |

1 虾仁解冻后撒盐、胡椒，依次抹料酒和淀粉。大葱切小段。
2 平底锅中倒入香油，中火加热，加入虾仁炒三四分钟至变色。加入混合好的材料 A 继续翻炒片刻。

冷藏 2~3日 / 冷冻 1周

鲜美的汁水同样美味

口蘑煮蒜蓉虾仁

1人份　354 千卡 / 盐分 0.5 克

| 材料·4~5人份 |

虾仁（冷冻、大）…400克
口蘑…1袋

A
　橄榄油…3/4 杯
　蒜末…1小勺
　干芹菜…1小勺
　盐…1/4 小勺
　黑胡椒碎…适量

| 做法 |

1 虾仁解冻后去虾线，口蘑切两半，用厨房纸巾擦干水分。
2 在平底锅（或锅）中加入材料 A 小火加热，放入步骤1的材料后煮4~6分钟。

冷藏 3~4日 / 冷冻 4周

可以端上节日的餐桌

煮带壳虾

1人份　56 千卡 / 盐分 0.9 克

| 材料·4~5人份 |

虾仁（冷冻、带壳、中~大）
　…10只

A
　水…1/2 杯
　味醂…3大勺
　料酒…1大勺
　酱油…2小勺
　日式高汤颗粒…1小勺
　盐…少许

| 做法 |

1 虾仁解冻，去虾线，留虾壳。
2 在平底锅中加入材料 A，中火煮沸，放入虾仁后盖上锅盖煮三四分钟，中途注意搅拌。煮好后浸在汤汁中冷却。

芋头充分吸收鱿鱼的鲜味 | 1人份 | 205 千卡 / 盐分 2.1 克

鱿鱼炖芋头

| 材料·4~5人份 |

鱿鱼（冷冻）…200克
芋头…5个（净重500克
　左右）

A
| 水…3/4杯
| 日式高汤颗粒…1小勺
| 酱油…2大勺
| 料酒、味醂…各1大勺
| 白砂糖…1大勺

| 做法 |

1 芋头去皮，切成2~4等
份，加盐（材料外）揉搓后
洗净表面的黏液。

2 将芋头、鱿鱼、和材料A
装入耐热碗中，盖上保鲜
膜后用微波炉加热15分钟
左右（中间搅拌一次）。

番茄的酸味很爽口 | 1人份 | 99 千卡 / 盐分 0.8 克

番茄酱炒鱿鱼

| 材料·4~5人份 |

鱿鱼（冷冻）…350克
洋葱…1/2个
青椒…2个
橄榄油…1大勺

A
| 水煮番茄…1杯
| 水…1/2杯
| 清高汤颗粒…1/2小勺
盐、胡椒…各少许

| 做法 |

1 洋葱切片，青椒切成适口
大小。

2 平底锅中倒入橄榄油，中
火加热，炒鱿鱼、洋葱和青
椒。加入材料A后煮四五
分钟，用盐、胡椒调味。

有香味的蔬菜丁是重点 | 1人份 | 143 千卡 / 盐分 0.6 克

甜椒腌混合海鲜

| 材料·4~5人份 |

混合海鲜（冷冻）…350克
洋葱…1/2个
黄甜椒…1/3个
青椒…1个

A
| 橄榄油…3大勺
| 醋…1½大勺
| 盐…1/4~1/3小勺
| 黑胡椒碎…少许

| 做法 |

1 洋葱切丁，黄甜椒、青椒
切成8毫米见方的丁。

2 混合海鲜煮2~4分钟，
煮熟后放在滤网上。

3 将步骤1和步骤2的材
料用材料A拌匀。

简单又丰盛 | 1人份 | 252 千卡 / 盐分 0.3 克

毛豆炸混合海鲜

| 材料·4~5人份 |

混合海鲜（冷冻）…300克
毛豆（冷冻、带壳）…1/2杯

A
| 鸡蛋…1/2个
| 水…1/2杯
| 面粉…3/4杯
色拉油…适量
蘸面汁等（根据个人口味）
　…适量

| 做法 |

1 混合海鲜解冻后擦干水
分，剥毛豆。

2 将材料A按照菜谱顺序
混合，加入步骤1的材料
略搅拌。

3 平底锅中倒入2厘米深
的油，中火加热，用勺子将
步骤2的材料放入锅中炸
四五分钟，注意翻面。食
用时根据个人口味配蘸面
汁等。

口感绝佳! 鱼罐头料理

可长期保存的食材中, 鱼罐头必不可少。
除了青花鱼和金枪鱼罐头, 秋刀鱼罐头和三文鱼罐头也能为餐桌增添色彩。

快手菜

柠檬的酸味很爽口 1人份 228 千卡／盐分 1.0 克

圣女果腌青花鱼

| 材料·2～3人份 |

水煮青花鱼罐头
　…1罐（200克）
洋葱…1/4个
圣女果…9个

A ┃ 橄榄油…1½大勺
　┃ 柠檬汁…1/2大勺
　┃ 盐、黑胡椒碎
　┃ 　…各适量

| 做法 |

1 罐头倒掉汤汁, 将青花鱼轻轻撕开。洋葱切片, 用冷水冲洗后拧干。

2 将步骤 1 的材料和圣女果用材料 A 拌匀。

5分钟 完成

青椒肉丝风格的炒菜 1人份 188 千卡／盐分 1.2 克

青花鱼炒蚝油青椒

| 材料·2～3人份 |

水煮青花鱼罐头
　…1罐（200克）
青椒…2个
红甜椒…1/6个
香油…1小勺

A ┃ 料酒…1大勺
　┃ 蚝油…2小勺
　┃ 蒜末…1/2小勺

| 做法 |

1 青椒和红甜椒切成 5 毫米宽的丝。

2 平底锅中倒入香油, 中火加热, 放入步骤 1 的材料炒两三分钟, 加入倒掉汤汁的青花鱼罐头, 用木铲轻轻搅拌, 加材料 A 翻炒。

7分钟 完成

不用调味料同样味道浓郁 1人份 216 千卡／盐分 1.1 克

烤芝士青花鱼配葱花番茄

| 材料·2～3人份 |

水煮青花鱼罐头
　…1罐（200克）
番茄…1/2个
大葱…1/2根
芝士…40克

| 做法 |

1 倒掉青花鱼罐头的汤汁, 番茄切成 1 厘米厚的片, 大葱切小段。

2 将番茄、青花鱼罐头、大葱、芝士依次放入耐热容器中, 用烤箱烤 4～6 分钟, 烤至芝士化开。

8分钟 完成

8分钟完成

加入泡菜，分量十足的辣味汤　1人份　246千卡／盐分1.7克

韩式青花鱼豆腐汤

| 材料·2~3人份 |

水煮青花鱼罐头
　…1罐（200克）
绢豆腐…1块（350克）
韭菜…1/2把
白菜泡菜…60克
　　水…1杯
　　鸡精…1小勺
A　蚝油…1小勺
　　香油…1/2小勺

| 做法 |

1 绢豆腐分成8~10等份，韭菜切成4厘米长的段，白菜泡菜切成适口大小。
2 平底锅中倒入材料A，中火煮沸，加入步骤1的材料和轻轻打散的青花鱼罐头后再煮两三分钟。

10分钟完成

充分入味的白萝卜　1人份　191千卡／盐分1.8克

日式青花鱼炖萝卜

| 材料·2~3人份 |

水煮青花鱼罐头
　…1罐（200克）
白萝卜…1/4根（400克）
　　水、蘸面汁（2倍浓缩）
A　…各1/4杯
　　姜末…1/2小勺

| 做法 |

1 白萝卜切成1厘米厚的扇形。
2 将白萝卜和材料A放入耐热碗中，盖上保鲜膜后用微波炉加热5分钟左右。
3 白萝卜能用竹扦轻松扎透后，加入倒掉汤汁的青花鱼罐头，略打散后盖上保鲜膜，用微波炉继续加热2分钟左右。

3分钟完成

脆脆的黄瓜口感舒爽　1人份　111千卡／盐分0.4克

芝麻青花鱼拌拍黄瓜

| 材料·2~3人份 |

水煮青花鱼罐头
　…1/2罐（100克）
黄瓜…2根
　　白芝麻碎…2大勺
A　白砂糖、酱油
　　…各1/2小勺

| 做法 |

1 倒掉青花鱼罐头的汤汁后略打散。用擀面杖等工具拍黄瓜，切成适口大小。
2 在步骤1的材料中放入材料A。

10分钟完成

充分发挥芥末的味道　1人份　327千卡／盐分1.3克

青花鱼土豆沙拉

| 材料·2~3人份 |

水煮青花鱼罐头
　…1罐（200克）
土豆…2个
洋葱…1/4个
　　蛋黄酱…3大勺
　　芥末…1/2小勺
A　醋…1小勺
　　盐…少许
黑胡椒碎…适量

| 做法 |

1 土豆去皮，切成4~6等份，用冷水冲洗，无须沥干水分，用保鲜膜包住，微波炉加热5分钟左右，趁热捣碎。
2 洋葱切片，用冷水冲洗，拧干水分。
3 将步骤1和步骤2的材料混合后加材料A搅拌，加入倒掉汤汁、略打散的青花鱼罐头。装盘，撒黑胡椒碎。

停不下筷子的绝品小菜　1人份　81千卡／盐分0.3克

微波炉青椒拌金枪鱼

| 材料·2～3人份 |

金枪鱼罐头…1罐（70克）
青椒…5个
香油…1小勺
酱油…1/2小勺
干松鱼（根据个人口味）
　…适量

| 做法 |

1 青椒切丝，装入耐热容器中，加香油搅拌。盖上保鲜膜后用微波炉加热2分钟左右。

2 加入倒掉汤汁的金枪鱼罐头和酱油。装盘，根据个人口味撒干松鱼。

土豆炖牛肉风格甜辣煮菜　1人份　165千卡／盐分1.3克

金枪鱼炖土豆

| 材料·2～3人份 |

金枪鱼罐头…1罐（70克）
土豆…2个
洋葱…1/4个

A | 水…1/2杯
酱油、味醂…各1大勺
白砂糖…1/2小勺
日式高汤颗粒
　…1/2小勺

| 做法 |

1 土豆去皮，切成4～6等份，用冷水冲洗，洋葱切成月牙形。

2 将步骤1的材料和材料A放入耐热碗中，盖上保鲜膜后用微波炉加热10～15分钟。加入倒掉汤汁的金枪鱼罐头后继续加热1分钟，冷却入味。

热气腾腾的香甜南瓜　1人份　140千卡／盐分0.6克

南瓜金枪鱼沙拉

| 材料·2～3人份 |

金枪鱼罐头…1罐（70克）
南瓜…1/8个

A | 蛋黄酱…1大勺
柠檬汁…1/2小勺
盐、胡椒…各少许

| 做法 |

1 金枪鱼罐头倒掉汤汁。南瓜去瓤，切成2厘米见方的块，煮到能用竹扦轻易扎透。

2 在步骤1的材料中加入材料A拌匀。

加入芝士粉提味　1人份　88千卡／盐分0.5克

蛋黄酱金枪鱼黄瓜船

| 材料·2～3人份 |

金枪鱼罐头…1罐（70克）
黄瓜…1根

A | 蛋黄酱…2小勺
芝士粉…1小勺
盐…少许

黑胡椒碎…适量

| 做法 |

1 黄瓜切成四五等份，纵向切成两半，摆在盘中。

2 金枪鱼罐头倒掉汤汁后和材料A混合均匀，涂在黄瓜的横截面上，撒黑胡椒碎。

甜辣味很下饭　1人份　142千卡／盐分1.6克

蛋包秋刀鱼豆苗

| 材料·2～3人份 |

烤秋刀鱼罐头
　…1罐（100克）

豆苗…1/3袋

鸡蛋…2个

A｜　水、蘸面汁（2倍浓缩）
　　…各3大勺
　｜　姜末…少许

七味辣椒粉（根据个人口味）
　…适量

| 做法 |

1 豆苗去根，切成两三等份。

2 在平底锅中倒入材料A，中火煮沸后加入豆苗，秋刀鱼罐头连汤汁一起倒入锅中，继续煮一两分钟。

3 淋蛋液，盖上盖子煮1分钟～1分30秒后关火。鸡蛋煮到符合个人口味的硬度后装盘，根据个人口味撒七味辣椒粉。

充分利用秋刀鱼罐头调味　1人份　476千卡／盐分1.0克

烤秋刀鱼葱香盖饭

| 材料·2～3人份 |

烤秋刀鱼罐头
　…2罐（200克）

大葱…1根

香油…1小勺

料酒…1½大勺

热米饭…2碗

炒白芝麻…适量

| 做法 |

1 大葱切成4厘米长的段。

2 平底锅中倒入香油加热，放入大葱，秋刀鱼罐头连汤汁一起倒入锅中，加料酒炖煮片刻。

3 盛米饭，盖上步骤2的材料后撒炒白芝麻。

芥末让整道菜的味道更紧凑　1人份　176千卡／盐分0.9克

三文鱼西蓝花沙拉配芥末蛋黄酱

| 材料·2～3人份 |

水煮三文鱼罐头
　…1罐（180克）

西蓝花…1/3棵

洋葱…1/4个

A｜　蛋黄酱…2大勺
　｜　醋…1小勺
　｜　芥末…1/2小勺
　｜　盐、黑胡椒…各少许

| 做法 |

1 三文鱼罐头倒掉汤汁后略搅散。西蓝花分成小朵后煮熟。洋葱切片，用冷水冲洗后拧干水分。

2 在步骤1的材料中放入材料A拌匀。

用适合三文鱼的味噌和黄油调味

铁板烧风格三文鱼炒圆白菜

1人份　161千卡／盐分1.8克

| 材料·2～3人份 |

水煮三文鱼罐头
　…1罐（180克）

圆白菜…1/8个（150克）

胡萝卜…1/4根

黄油…5克

A｜　味噌…1大勺
　｜　料酒、味醂
　｜　…各1/2大勺
　｜　酱油…1小勺
　｜　姜末…1/2小勺

| 做法 |

1 圆白菜切块，胡萝卜切小条。

2 平底锅中加入黄油，中火翻炒步骤1的材料，炒软后加入倒掉汤汁的三文鱼罐头，略微打散后加料料A翻炒。

鱼肉冷冻菜

只要有提前冷冻好的鱼，就能立刻做好一道菜。
调好味的鱼和蔬菜要分别冷冻保存。
解冻后加热即可。

要点
- 鱼和蔬菜要装在不同的袋子中冷冻。
- 使用时，用流水将鱼半解冻后再制作。

冷冻保存 2 周

用酸奶增加浓稠度

酸奶味噌腌三文鱼

| 材料·2～3人份 |
三文鱼2块/杏鲍菇2根/大葱1/2根/A（料酒2大勺/原味酸奶1½大勺/味噌1大勺/酱油1小勺/姜末1小勺）

| 腌制 |
三文鱼擦干水分后切成三四等份，与材料A混合后放入保鲜袋中腌制、冷冻，尽量摊平。杏鲍菇纵向分成6等份，大葱斜刀切片后装入另一保鲜袋中冷冻。

| 做法 |
三文鱼用流水半解冻，与调味汁一起放入平底锅中，同时放入冷冻蔬菜，盖上盖子小火加热，完全化开后开盖，中火翻炒熟。

辣味中式炒菜

辣酱炒鲕鱼

| 材料·2～3人份 |
鲕鱼2块/茄子1根/红甜椒1/4个/淀粉适量/A【烤肉酱（市售）1大勺/番茄酱1大勺/香油1/2大勺/豆瓣酱1/2小勺/鸡精1/2小勺】

| 腌制 |
鲕鱼去皮后切成4～6等份，撒薄薄一层淀粉，与材料A混合后放入保鲜袋中腌制、冷冻，尽量摊平。茄子切成8毫米厚的半圆形，红甜椒切成5毫米宽的丝，装入另一保鲜袋中冷冻。

| 做法 |
鲕鱼用流水半解冻，与调味汁一起放入平底锅中，同时放入冷冻蔬菜，盖上盖子小火加热，完全化开后开盖，加3大勺水后中火翻炒熟。

味道爽口

番茄洋葱炖旗鱼

| 材料·2～3人份 |
旗鱼2块/西葫芦1/3根/洋葱1/3个/盐、胡椒各少许/A【水煮番茄罐头1/2罐（200克）/浓汤宝1个】

| 腌制 |
旗鱼切成4等份，撒盐、胡椒，与材料A混合后放入保鲜袋中腌制、冷冻，尽量摊平。西葫芦切成8毫米厚的圆片，洋葱切片，装入另一保鲜袋中冷冻。

| 做法 |
旗鱼用流水半解冻，与调味汁一起放入平底锅中，同时放入冷冻蔬菜和1/2杯水后中火炖煮，根据个人口味撒芝士粉。

醇厚的西式奶油炖菜

奶油芝士味旗鱼炖香肠

| 材料·2～3人份 |
旗鱼2块/香肠2根/洋葱1/2个/口蘑3个/盐、胡椒各少许/A【白酱罐头1/2罐（150克）/料酒1大勺/芝士粉1大勺】

| 腌制 |
旗鱼切成3等份，撒盐、胡椒，与材料A混合后放入保鲜袋中腌制、冷冻，尽量摊平。香肠斜刀切成两半，洋葱、口蘑切薄片，装入另一保鲜袋中冷冻。

| 做法 |
旗鱼用流水半解冻，与调味汁一起放入平底锅中，同时放入冷冻蔬菜和1/2杯牛奶后盖上盖子中火炖煮，注意搅拌。

Part4

蔬菜料理

用圆白菜、番茄、菠菜等常见蔬菜做出日式、西式、中式等各种味道的料理，烹饪方法有炒、煮、微波炉加热等。使用冰箱中现有的蔬菜就能完成，与肉和火腿等组合后就能成为主菜。如果菜量大，可以冷藏保存，节省第二天的做饭时间。每天的饭桌上都要出现各种蔬菜，让饮食更加健康、营养均衡。

圆白菜

快手菜

用盐腌制后好吃到停不下来 `爽口`

日式圆白菜裙带菜沙拉

1人份 64 千卡 / 盐分 1.2 克

| 材料·2～3人份 |

圆白菜…1/6个（200克）
裙带菜（干燥）…3克
洋葱…1/8个
盐…1/4 小勺

A
酱油…1/2大勺
醋…1⅓大勺
色拉油…1大勺
炒白芝麻…1/2小勺
盐、胡椒…各少许

| 做法 |

1 圆白菜切丝，加盐揉搓，拧干水分。裙带菜用热水泡开。洋葱切片，和裙带菜一起用热水浸泡后拧干。

2 在步骤 1 的材料中加入材料 A 拌匀。

创新

可以用青紫苏酱汁代替材料 A，同样美味。

5分钟
完成

7分钟
完成

用市售沙拉鸡肉缩短烹饪时间 `浓郁`

圆白菜盐炒沙拉鸡肉

1人份 88 千卡 / 盐分 0.6 克

| 材料·2～3人份 |

圆白菜…1/4个（300克）
沙拉鸡肉…1袋（120克）
黄油…8克
盐、胡椒…各少许

| 做法 |

1 圆白菜切块，沙拉鸡肉切成 5 毫米厚的片。

2 平底锅中放入黄油，中火加热，放入步骤 1 的材料炒两三分钟，将圆白菜炒软，用盐、胡椒调味。

方便制作的蔬菜，有柔和的甜味，可以调成各种味道。含水量大，凉拌时要充分沥干水分。

常备菜

凉拌和调味

只需用盐曲腌制 咸味

盐曲腌圆白菜

1人份 20 千卡 / 盐分 1.1 克

| 材料·4～5人份 |
圆白菜…1/6个（200克）
盐曲…2大勺

| 做法 |
1 圆白菜切成2厘米见方的块，沥干水分。
2 将圆白菜和盐曲装进保鲜袋中轻轻揉搓，冷藏30分钟以上。食用时沥干水分。

创新

加入斜刀切成薄片的黄瓜，同样美味。

冷藏 2~3 日

不可冷冻

让圆白菜的甜味更加柔和 酱油

圆白菜炖油豆腐

1人份 69 千卡 / 盐分 1.6 克

| 材料·4～5人份 |
圆白菜…1/3个（400克）
油豆腐片…1片（50克）
| 蘸面汁（2倍浓缩）
A   …120毫升
| 水…1/2杯
干松鱼…1小袋（1克）

| 做法 |
1 圆白菜切块，菜心部分切薄片。油豆腐片淋热水去油，纵向切成1厘米宽的片。
2 平底锅中放入步骤1的材料和材料A，中火煮2～4分钟至圆白菜变软。盛入容器中，撒干松鱼。

冷藏 2 日

冷冻 2 周

平底锅

快速

15分钟完成

15分钟完成

足量

切成大块的圆白菜很有嚼劲 （爽口）

微波炉圆白菜热沙拉

1人份 247千卡／盐分0.8克

| 材料·2～3人份 |

圆白菜…1/3个（400克）
培根…3片
橄榄油…2大勺
盐、黑胡椒碎…各少许
A ┌ 蛋黄酱…2⅓大勺
 │ 柠檬汁（或醋）
 └ …1½小勺

| 做法 |

1 圆白菜切扇形，分成4等份，培根切成2厘米宽的薄片，夹在圆白菜叶中间。
2 将步骤1的材料放入耐热容器中，加盐、黑胡椒碎、橄榄油。盖上保鲜膜后用微波炉加热7～10分钟。
3 装盘，淋混合均匀的材料A。

半熟鸡蛋铺在圆白菜上 （咸味）

抱蛋圆白菜

1人份 108千卡／盐分0.6克

| 材料·2～3人份 |

圆白菜…2片（100克）
培根…1片
鸡蛋…3个
盐、胡椒…各少许

| 做法 |

1 圆白菜切丝，培根切成5毫米宽的条。
2 将步骤1的材料放入耐热容器中，轻轻搅拌，打入鸡蛋，撒盐、胡椒。
3 用烤箱加热5～8分钟。

创新

可以加入煮菠菜和玉米粒增加分量，也可以用金枪鱼代替培根。

咖喱蛋黄酱的做法很实用 香料

咖喱蛋黄酱拌圆白菜胡萝卜

1人份 90 千卡 / 盐分 0.4 克

| 材料·4～5人份 |

圆白菜…1/3个（400克）

胡萝卜…1/3根

芝士（切块）…3块（24克）

┐ 蛋黄酱…3大勺

│ 咖喱粉…2/3小勺

A 醋…1½小勺

│ 白砂糖、盐、胡椒

┘ 　…各少许

| 做法 |

1 圆白菜切块，胡萝卜切条。芝士切成 8 毫米见方的块。

2 将圆白菜和胡萝卜放入耐热容器中，盖上保鲜膜后用微波炉加热三四分钟。

3 与芝士混合后用材料 A 拌匀。

微波炉

冷藏 2 日
冷冻 4 周

冷藏 4 日
冷冻 2 周

加入高汤调料后味道更醇厚 浓郁

番茄酱圆白菜炒香肠

1人份 116 千卡 / 盐分 0.9 克

| 材料·4～5人份 |

圆白菜…1/3个（400克）

香肠（大肉粒）…5根

橄榄油…1大勺

┐ 番茄酱…3大勺

A 清高汤颗粒…1/2小勺

┘ 盐、胡椒…各少许

| 做法 |

1 圆白菜切块，香肠斜刀切片。

2 平底锅中倒入橄榄油，中火翻炒步骤 1 的材料。

3 加入材料 A 翻炒。

创新

可以加入青椒和口蘑。

平底锅

快速

5分钟
完成

拍黄瓜充分入味 爽口

香油手撕圆白菜拌黄瓜

1人份　66 千卡 / 盐分 1.0 克

| 材料·2~3人份 |

圆白菜…1/6 个（200克）
黄瓜…1/2 根
炒白芝麻…1小勺
香油…1大勺
鸡精…1½小勺

| 做法 |

1 圆白菜撕成适口大小。黄瓜用擀面杖拍碎，切成适口大小。

2 将所有材料装进保鲜袋中揉搓入味。稍微拧干水分后装盘。

15分钟
完成

足量

用最简单的材料轻松完成 浓郁

圆白菜叉烧迷你煎饼

1人份　146 千卡 / 盐分 0.9 克

| 材料·2~3人份（3块）|

圆白菜…2~3 片（120克）
叉烧（薄片、市售）
　…2片（40克）
┌ 鸡蛋…1个
│ 水…1/4 杯
A│ 面粉…5大勺
│ 日式高汤颗粒
│ 　…1/3 小勺
└ 姜末…少许
色拉油…1小勺
酱汁、蛋黄酱、干松鱼、青紫苏…各适量

| 做法 |

1 圆白菜和叉烧切丝。

2 将材料 A 混合均匀，加入步骤 1 的材料混合。

3 平底锅中倒入色拉油，中火加热，倒入 1/3 步骤 2 的材料，做成圆形。盖上盖子，小火加热 7 分钟左右，表面干燥后翻面做熟。

4 装盘，放入酱汁、蛋黄酱、干松鱼、青紫苏。

创新

可以将猪五花肉（40克）切成 3 厘米长的小段，代替叉烧。

有足量汤汁的汤菜 （咸味）

高汤圆白菜煮混合豆子

| 1人份 | 69 千卡 / 盐分 0.6 克 |

| 材料·4～5人份 |
圆白菜…1/3个（400克）
混合豆子…70克
A｛
　　水…1杯
　　浓汤宝…1个
　　橄榄油…1大勺
　　盐、黑胡椒碎…各少许

| 做法 |
1 圆白菜切成 1.5 厘米宽的丝。
2 将材料 A 装入耐热容器中混合均匀，加入步骤 1 的材料，盖上保鲜膜后用微波炉加热 4 分钟左右。加入混合豆子，继续加热两三分钟。

创新

加入西蓝花，色彩更好看。

微波炉

冷藏 2日
冷冻 4周

炒过的梅干酸味更加醇厚 （酱油）

干松鱼梅干炒圆白菜

| 1人份 | 39 千卡 / 盐分 0.9 克 |

| 材料·4～5人份 |
圆白菜…1/3个（400克）
色拉油…1/2大勺
A｛
　　梅干（大）…2～3个
　　干松鱼…1袋（2克）
　　酱油…1/2大勺
　　白砂糖…1/2小勺

| 做法 |
1 圆白菜切成 1 厘米宽的丝，横切成两三等份。梅干去籽、切碎。
2 平底锅中倒入色拉油，中火翻炒圆白菜两三分钟，炒软后加材料 A 翻炒片刻。

创新

可以加入切碎的核桃和芝麻碎，增加醇厚的口感。

冷藏 2日
冷冻 4周

平底锅

豆芽

快手菜

快速

足量

很适合做下酒菜 `酱油`

鱼糕卷豆芽

1人份 97 千卡 / 盐分 1.5 克

| 材料·2~3人份 |
豆芽…1/3袋（约70克）
鱼糕…4根
蛋黄酱、酱油…各适量

| 做法 |
1 将鱼糕切成 3 等份，将豆芽塞进孔中。
2 将步骤 **1** 的材料摆放在耐热盘子里，盖上保鲜膜后用微波炉加热 3 分钟左右。配蛋黄酱、酱油。

创新

推荐加 1½ ~ 2 勺烤肉酱翻炒。

5分钟完成

7分钟完成

快速炒好，保留豆芽的口感 `酱油`

豆芽青椒杂烩

1人份 86 千卡 / 盐分 1.3 克

| 材料·2~3人份 |
豆芽…1袋（200克）
青椒…1个
鸡蛋…1个
香油…1大勺
A ┌ 酱油…1⅓大勺
  │ 白砂糖…1小勺
  │ 姜末…1/2小勺
  └ 盐…少许

| 做法 |
1 青椒去蒂、去籽，切成适口大小。
2 平底锅中倒入香油，中火翻炒青椒和豆芽。
3 将蔬菜拨到锅边，在空余处打入鸡蛋，简单翻炒，与蔬菜混合后加入材料 A 炒匀。

性价比非常高的食材。保留口感的窍门是尽可能缩短加热时间。豆芽容易腐坏，要尽快吃完。

常备菜

加入大量青紫苏更加爽口 （酱油）

豆芽拌鳕鱼子

1人份 20千卡 / 盐分 0.6克

| 材料·4~5人份 |

豆芽…2袋（400克）
鳕鱼子…40克
青紫苏…6片
蘸面汁（2倍浓缩）…1大勺

| 做法 |

1 豆芽放入耐热容器中，盖上保鲜膜后用微波炉加热三四分钟。倒掉渗出的水分，放上撕碎的鳕鱼子，继续加热10秒左右。

2 青紫苏切丝，用冷水冲洗后沥干水分。

3 用蘸面汁将步骤1和步骤2的材料拌匀。

微波炉

冷藏 2~3日
不可冷冻

用豆芽代替意大利面，既健康又能减肥 （浓郁）

意式炒豆芽

1人份 100千卡 / 盐分 0.7克

| 材料·4~5人份 |

豆芽…2袋（400克）
香肠…4根
青椒（大）…1个
洋葱…1/3个
橄榄油…1大勺
A 番茄酱…1/4杯
　 盐、胡椒…各少许
芝士粉（根据个人口味）
　…适量

| 做法 |

1 香肠斜刀切成5毫米厚的片。青椒切成5毫米厚的片，洋葱切片。

2 平底锅中倒入橄榄油，中火加热，加入香肠、洋葱炒两三分钟，加入豆芽、青椒后翻炒（要用厨房纸巾擦干渗出的水分）。

3 加材料A搅拌均匀，根据个人口味撒芝士粉。

平底锅

冷藏 2~3日
不可冷冻

快速

5分钟完成

同时使用咸海带和干松鱼，鲜味满满 （酱油）

咸海带和干松鱼拌豆芽蟹肉棒

1人份　30 千卡／盐分 0.7 克

| 材料·2～3人份 |

豆芽…1袋（200克）
蟹肉棒…2～3根
A｜ 咸海带…2撮
　｜ 干松鱼…1袋（2克）
　｜ 酱油…1小勺

| 做法 |

1 将豆芽放入耐热容器中，盖上保鲜膜后用微波炉加热两三分钟，充分拧干水分。
2 用材料 A 将步骤 1 的材料和撕开的蟹肉棒拌匀。

 创新

可以用虾仁代替蟹肉棒，同样方便、美味。

5分钟完成

用鱼露调出异域风味 （浓郁）

鱼露炒豆芽肉馅

1人份　108 千卡／盐分 1.4 克

| 材料·2～3人份 |

豆芽…1袋（200克）
猪肉馅…100克
色拉油…1小勺
淀粉…1小勺
鱼露…1大勺
小葱（切碎）…适量

| 做法 |

1 平底锅中倒入色拉油，中火加热，炒至猪肉馅变色，撒淀粉混合。
2 加入豆芽后炒一两分钟，加鱼露后迅速搅拌、煮熟。装盘，撒小葱。

足量

能一次吃很多 **爽口**

中式豆芽黄瓜沙拉

1人份 66 千卡／盐分 1.0 克

| 材料·4～5人份 |

豆芽…1袋（200克）
黄瓜…1/2根
火腿…2片

A
香油…2大勺
醋…1大勺
酱油…1/2大勺
白砂糖…1小勺
盐…1/2小勺
辣椒油（根据个人口味）
…适量

| 做法 |

1 豆芽放入耐热容器中，盖上保鲜膜后用微波炉加热两三分钟。充分沥干水分。

2 黄瓜切丝，火腿切成两半后切丝。

3 用材料 A 将步骤 1 和步骤 2 的材料拌匀。

创新

可以加入炒鸡蛋丝，让颜色更加好看。

微波炉

冷藏 2~3 日
不可冷冻

非常适合做便当的配菜 **咸味**

豆芽培根卷

1人份 103 千卡／盐分 0.6 克

| 材料·4～5人份 |

豆芽…1袋（200克）
培根…6片
青紫苏…12片
橄榄油…1小勺
盐、胡椒…各少许

| 做法 |

1 培根切成两段。

2 豆芽分成 12 等份，每片培根上放 1 份豆芽和 1 片青紫苏，卷紧后用牙签纵向固定。

3 平底锅中倒入橄榄油，中火加热，培根封口处向下放入锅中。盖上盖子煎四五分钟，注意翻面，撒盐、胡椒。

冷藏 2~3 日
不可冷冻

平底锅

用海米和香油拌出韩式风味 咸味

韩式豆芽凉拌海米

1人份 54 千卡 / 盐分 0.7 克

| 材料·2～3人份 |
豆芽…1袋（200克）

A
- 海米…3克
- 香油…1大勺
- 鸡精…1小勺
- 盐、胡椒…各少许

| 做法 |

1 将豆芽放入耐热容器中，盖上保鲜膜后用微波炉加热两三分钟，充分拧干水分。

2 加入材料 A 拌匀。

创新

可以使用带子叶的豆芽，加热时间增加为 4～6 分钟。

5分钟 完成

5分钟 完成

刚出锅时加芝士 浓郁

芝士烧豆芽

1人份 114 千卡 / 盐分 1.3 克

| 材料·2～3人份 |
豆芽…1袋（200克）
火腿…2片
色拉油…1/2大勺
中浓酱…2大勺
芝士…40克

| 做法 |

1 每片火腿切成 8 等份。

2 平底锅中倒入色拉油，大火加热，迅速翻炒火腿和豆芽。

3 加入中浓酱，搅拌均匀后关火，加芝士。

用削皮刀将胡萝卜削成薄片 〔爽口〕

豆芽胡萝卜金枪鱼沙拉

1人份　124 千卡／盐分 0.4 克

| 材料·4~5人份 |

豆芽…1袋（200克）
胡萝卜…1/2根
金枪鱼罐头…1罐（70克）
A 「 蛋黄酱…4大勺
　 └ 盐、胡椒…各少许

| 做法 |

1 用削皮器将胡萝卜削成薄片，倒掉金枪鱼罐头的汤汁。
2 将胡萝卜和豆芽放入耐热容器中，盖上保鲜膜后用微波炉加热 3~5 分钟，充分拧干水分。
3 用材料 A 将步骤 2 的材料和金枪鱼拌匀。

微波炉

冷藏 2~3 日
不可冷冻

加入豆瓣酱调成辛辣味 〔辛辣〕

豆芽大葱韩式蛋饼

1人份　82 千卡／盐分 1.1 克

| 材料·4~5人份 |

豆芽…1袋（200克）
大葱（切碎）…1/3根
香油…适量
A 「 鸡蛋…1个
　│ 面粉…6大勺
　│ 水…5大勺
　└ 鸡精…1/2小勺
B 「 醋、酱油
　│ 　…各1½大勺
　│ 白砂糖…2小勺
　└ 豆瓣酱…1/2小勺

| 做法 |

1 将豆芽、大葱、材料 A 混合后放入碗中。
2 平底锅中倒入香油，中火加热，放入步骤 1 的材料摊成圆饼，煎至表面凝固，翻面后同样煎至表面凝固，切成适口大小。
3 食用时搭配搅拌均匀的材料 B。

〔烹饪要点〕
如果翻面困难，可以切成两半后再翻动。

冷藏 2~3 日
不可冷冻

平底锅

土豆

快手菜

热气腾腾的土豆让人心情愉悦　咸味

黄油土豆

1人份　139 千卡 / 盐分 0.4 克

| 材料·2～3人份 |
土豆…3个
盐…少许
黄油…10克

创新

可以将大葱、鳕鱼子和黄油一起放在土豆上。

| 做法 |
1 土豆带皮用冷水冲洗，分别用保鲜膜包裹。
2 用微波炉加热8分钟左右，至竹扞可以轻松穿透（6分钟时翻转土豆，保证均匀加热）。
3 切十字口，撒盐，放黄油。

快速

10分钟完成

15分钟完成

足量

用肉馅缩短烹饪时间　酱油

微波炉土豆炖肉馅

1人份　189 千卡 / 盐分 1.6 克

| 材料·2～3人份 |
土豆…3个
洋葱…1/4个
猪肉馅（或鸡肉馅）…50克

A
　水…3/4杯
　酱油…1⅓大勺
　料酒、味醂
　　…各1/2大勺
　白砂糖…1大勺
　日式高汤颗粒
　　…不到1小勺
小葱（选用，切小段）
　…适量

| 做法 |
1 土豆去皮，切成4～6等份，用冷水冲洗。洋葱切成1.5厘米厚的扇形。
2 将猪肉馅和材料A放入较深的耐热容器中混合，加入步骤1的材料，盖上保鲜膜后用微波炉加热10分钟左右（7分钟时搅拌一次），翻面后轻轻搅拌。入味后装盘，撒小葱。

土豆分量十足，从沙拉到主菜都可以胜任。
因为不容易熟，所以为了缩短烹饪时间，要切成小块。

常备菜

将土豆和黄豆调成咖喱味 （香料）

咖喱蛋黄酱土豆黄豆沙拉

1人份 194 千卡 / 盐分 0.4 克

| 材料·4~5人份 |

土豆…3~4个（450克）
豆角…2根
水煮黄豆…40克
A 蛋黄酱…6½ 大勺
　 咖喱粉…1小勺
　 盐…1/4小勺

| 做法 |

1 土豆去皮，分成6等份，用冷水冲洗后立刻取出。豆角切成1厘米长的段。
2 将土豆和豆角放入耐热容器中，盖上保鲜膜后用微波炉加热6~10分钟。
3 趁热捣碎，加入黄豆和材料A混合。

微波炉

冷藏 2~3 日
不可冷冻

简单改良后的印度小吃 （浓郁）

土豆金枪鱼咖喱角

1人份 118 千卡 / 盐分 0.2 克

| 材料·4~5人份（15个） |

土豆…1½ 个
金枪鱼罐头…1/2罐（35克）
A 伍斯特酱…1/2小勺
　 盐、胡椒…各少许
饺子皮…15张
B 面粉…1大勺
　 水…适量
色拉油…适量
番茄酱（根据个人口味）
…适量

| 做法 |

1 土豆去皮，切成6~8等份，煮软后放入塑料袋中压碎，加入倒掉汤汁的金枪鱼和材料A拌匀。
2 每张饺子皮上放满满一勺步骤1的材料，在边缘涂抹搅拌成糊的材料B，包成三角形。
3 平底锅中倒入2厘米深的油，中火炸制步骤2的材料。食用时根据个人口味配番茄酱。

冷藏 2~3 日
不可冷冻

平底锅

快手菜

快速

10分钟完成

咸味鳕鱼子和土豆是绝配 `浓郁`

鳕鱼子土豆沙拉

1人份 212 千卡 / 盐分 0.7 克

| 材料·2～3人份 |

土豆…2个

A
- 鳕鱼子（去皮）…1/2个（20克）
- 蛋黄酱…4大勺
- 盐、胡椒…各少许

干芹菜（根据个人口味）…适量

| 做法 |

1 土豆去皮，切成 6～8 等份，用冷水冲洗后盖上保鲜膜，用微波炉加热 5～7 分钟，用竹扦能轻松扎透即可。

2 沥干水分后压碎，加材料 A 混合。装盘，根据个人口味撒干芹菜。

`创新`

可以夹在面包片里做成三明治，同样美味。

20分钟完成

足量

只用土豆洋葱就能分量十足 `浓郁`

土豆番茄酱奶汁烤菜

1人份 295 千卡 / 盐分 2.1 克

| 材料·2～3人份 |

土豆…2～3个

洋葱…1/3个（45克）

A
- 白酱罐头…1罐（300克）
- 牛奶…1/4杯
- 盐、胡椒…各少许

番茄酱…1～1½大勺

芝士…70克

| 做法 |

1 土豆去皮，切成 4 毫米厚的片后用冷水冲洗。洋葱切薄片。

2 将土豆放入平底锅中，倒水没过食材，加洋葱后中高火炖煮。

3 土豆变软后沥干，将土豆和洋葱重新放回锅中，加材料 A 边搅拌边中火炖煮。

4 煮至黏稠后放入耐热盘中，淋番茄酱，放上芝士后用烤箱烤四五分钟，烤至表面微焦。

`烹饪要点`

可以在平底锅中直接淋番茄酱，放芝士，加热到芝士化开。

114

加入黄油增加黏稠度 浓郁

番茄炖土豆

1人份 135 千卡 / 盐分 0.7 克

| **材料·4～5人份** |
土豆…4个
火腿…3片
洋葱…1/4个
　　水…3/4杯
　　水煮番茄罐头…3/4杯
A　黄油…5克
　　浓汤宝…1/2个
　　盐、胡椒…各少许
芝士粉…适量

| **做法** |
1 土豆去皮，切成5毫米厚的圆片。火腿切成6等份，洋葱切薄片。
2 将步骤1的材料和材料A放入耐热容器中，盖上保鲜膜后用微波炉加热10分钟左右，至土豆变软，撒芝士粉。

微波炉

冷藏 2~3日
不可冷冻

炒出香味，食材酥脆 咸味

土豆大蒜炒欧芹

1人份 141 千卡 / 盐分 0.8 克

| **材料·4～5人份** |
土豆…3～4个（450克）
香肠…3根
橄榄油…1½ 大勺
A　盐…1/2 小勺
A　蒜末…1/2 小勺
干欧芹…适量

创新

可以用切碎的培根代替香肠。

| **做法** |
1 土豆去皮、切丝，用冷水冲洗两三分钟，用厨房纸巾擦干水分。香肠斜刀切成4毫米厚的片。
2 平底锅中倒入橄榄油，中火翻炒步骤1的材料。土豆酥脆后加材料A翻炒，撒干欧芹。

平底锅

冷藏 2~3日
不可冷冻

快速

10分钟
完成

梅干酸味柔和 爽口

梅干小鱼干拌土豆

1人份 88 千卡 / 盐分 0.8 克

| 材料·2~3人份 |

土豆…2个
小鱼干…15克
A 梅干（去核）
…1个（5克）
蘸面汁（2倍浓缩）
…1小勺
干松鱼（根据个人口味）
…适量

烹饪要点

土豆如水分不足，口感会变干，
可以加一两大勺水增加湿度。

| 做法 |

1 土豆去皮，切成6~8
等份，用冷水冲洗后稍沥
干水分。
2 将土豆放入耐热容器中，
盖上保鲜膜后用微波炉加
热5~7分钟。
3 轻轻压碎，加小鱼干和
材料 A，压扁梅肉，混合
均匀。装盘，根据个人口味
撒干松鱼。

12分钟
完成

足量

只用鸡蛋就能轻松做出塔塔酱 浓郁

炸土豆培根配塔塔酱

1人份 236 千卡 / 盐分 0.8 克

| 材料·2~3人份 |

土豆…2个
培根…3片
色拉油…适量
盐、黑胡椒碎…各少许
煮鸡蛋…1个
A 蛋黄酱…1½大勺
柠檬汁…1小勺
盐、胡椒…各少许

| 做法 |

1 土豆带皮切成月牙形，分
成6~8等份，用冷水冲
洗后擦干水分。培根切成
两段。
2 平底锅中倒入2厘米深的
油，中火加热，放入步骤1
的材料。培根炸熟后先取
出，土豆再炸5~7分钟。
充分沥油，撒盐、黑胡椒碎。
3 煮鸡蛋装进塑料袋中轻
轻压扁，加材料 A 混合均匀。
4 将土豆和培根装盘，搭
配步骤3的材料。

只需用微波炉加热后团成圆形 浓郁

不需要炸的土豆丸子

1人份 139 千卡 / 盐分 0.6 克

| 材料·4～5人份（9～10个）|
土豆…4个
洋葱…1/6个
猪肉馅…50克
A 中浓酱汁…2大勺
 盐、胡椒…各少许
炒白芝麻…适量
酱汁（根据个人口味）
 …适量

创新

可以用烤箱烤，或像普通的炸肉饼一样裹上面衣油炸。

| 做法 |
1 土豆去皮，切成 6～8 等份，用冷水冲洗后沥干。洋葱切薄片后再切成两段。
2 将步骤 1 的材料和猪肉馅装入较深的耐热容器中，盖上保鲜膜后用微波炉加热 10～12 分钟，至竹扦能轻松扎透土豆。擦净多余水分，趁热捣碎，与材料 A 混合。
3 团成直径 4 厘米左右的丸子，表面撒炒白芝麻，搭配酱汁。

微波炉

冷藏 2~3日
不可冷冻

土豆中的淀粉起固定作用 咸味

土豆格雷派饼

1人份 126 千卡 / 盐分 0.2 克

| 材料·4～5人份 |
土豆…4～5个
黄油…8克
盐、胡椒…各少许
番茄酱（根据个人口味）
 …适量

保存窍门

叠放时为了避免粘连，要在中间夹烘焙纸。

| 做法 |
1 土豆去皮、切丝，放入碗中。撒盐、胡椒，搅拌均匀。
2 平底锅中放入黄油，中火加热，将土豆丝摊成圆饼，用木铲压实。盖上盖子煎五六分钟，上色后翻面再煎五六分钟。
3 冷却后分成适口大小，根据个人口味搭配番茄酱。

冷藏 2~3日
不可冷冻

平底锅

9 番茄、圣女果

快手菜

快速

3分钟
完成

红白颜色对比强烈 爽口

圣女果奶酪卡布里沙拉

1人份 146 千卡 / 盐分 0.5 克

| 材料·2～3人份 |

圣女果…1袋（200克）

马苏里拉奶酪（迷你）
　…50克

A
　| 盐、黑胡椒碎…各适量
　| 橄榄油…2大勺
　| 干欧芹（选用）…适量

| 做法 |

1 用厨房纸巾包住马苏里拉奶酪，充分拧干水分。
2 用材料 A 将圣女果和奶酪拌匀。

足量

5分钟
完成

迅速炒制 咸味

番茄炒蛋

1人份 113 千卡 / 盐分 0.6 克

| 材料·2～3人份 |

番茄…1½个

A
　| 鸡蛋…3个
　| 牛奶…1大勺
　| 盐、胡椒…各少许
黄油…8克
黑胡椒碎…少许

| 做法 |

1 番茄切成 1.5 厘米见方的块，材料 A 混合均匀。
2 平底锅中放入黄油，中火加热，放材料 A 翻炒两三下后加入番茄迅速翻炒，关火后撒黑胡椒碎。

创新

可以涂在芝士吐司上做成潜艇三明治。

番茄有清爽的酸味和浓郁的甜味,加热后甜度会增加。
使用鲜红的番茄做出的料理能为餐桌增添一抹亮色。

常备菜

微波炉

冷藏 2~3 日
不可冷冻

汁水饱满 （酱油）

煮整番茄

1人份 27 千卡 / 盐分 1.8 克

| 材料·4~5人份 |
番茄…4个
┌ 水…1杯
│ 日式高汤颗粒…2小勺
A │
│ 酱油…1小勺
└ 盐…1小勺

保存窍门

放入袋子中保存,整体更容
易入味。

| 做法 |
1 番茄去蒂,在底部切出 5
毫米深的十字口。
2 将材料 A 放入耐热容器
中,盖上保鲜膜后用微波
炉加热 1 分 30 秒左右,加
热至沸腾。
3 趁热用步骤 2 的材料腌
番茄(浸入腌泡汁后可以剥
掉番茄皮)。放入保鲜袋中,
让整个番茄被腌泡汁浸泡,
冷藏一晚。

冷藏 2 日
不可冷冻

平底锅

只用鱼露就能调出异域风味 （爽口）

泰式番茄虾仁粉丝沙拉

1人份 128 千卡 / 盐分 1.7 克

| 材料·4~5人份 |
番茄…3个
粉丝…60克
煮虾仁…80克
┌ 鱼露、色拉油
A │   …各2大勺
└ 柠檬汁…2½小勺

烹饪要点

如果使用生虾仁,要在步骤 2
和粉丝一起煮 3~5 分钟。

| 做法 |
1 番茄切成 2 厘米见方
的块。
2 平底锅(或锅)中倒入热
水煮沸,放入粉丝煮 4 分钟,
沥干后过凉水,用厨房纸巾
包住,充分拧干,切成方便
食用的长度。
3 将材料 A、步骤 1、步
骤 2 的材料和煮虾仁拌匀。

快速

4分钟
完成

色彩鲜艳的沙拉最适合招待客人　（爽口）

番茄鹌鹑蛋含羞草沙拉

1人份　96 千卡 / 盐分 0.4 克

| 材料·2～3人份 |
番茄…2个
鹌鹑蛋（水煮）…6个
意式酱汁（市售）
　…2～3大勺

| 做法 |
1 番茄切薄片，鹌鹑蛋切碎。
2 番茄装盘，放上鹌鹑蛋后淋意式酱汁。

创新

也可以用煮鸡蛋制作，撒上撕碎的罗勒或青紫苏后更加美味。

5分钟
完成

足量

芝士化开后趁热享用　（咸味）

芝士烧番茄玉米

1人份　70 千卡 / 盐分 0.5 克

| 材料·2～3人份 |
番茄…2个
玉米粒…2大勺
芝士…2～3片
橄榄油…适量
盐、黑胡椒碎…各少许

| 做法 |
1 番茄切成 1.5 厘米厚的圆片。
2 在铝箔纸上涂橄榄油（或使用不会烧焦的铝箔纸），摆好番茄，撒盐。根据番茄大小放上撕开的芝士，撒玉米粒。
3 用烤箱烤至芝士化开，撒黑胡椒碎。

可以享受到蔬菜自然的甜味 咸味

微波炉蔬菜杂烩

1人份 82 千卡 / 盐分 0.3 克

| 材料·4～5人份 |
番茄…2～3个
茄子…2根
西葫芦…1/3根
洋葱…2/3个
黄甜椒…1/4个
月桂叶…1片
蒜末…1/2小勺
橄榄油…2大勺
盐…1/4小勺

| 做法 |
1 番茄切块，茄子、西葫芦切成1厘米厚的半月形，洋葱切成1厘米厚的月牙形，黄甜椒切成1厘米宽的条。
2 将所有材料放入较深的耐热碗中，盖上保鲜膜后用微波炉加热12分钟左右（8分钟时搅拌一次）。

微波炉

冷藏 2~3日
冷冻 2 周

家中常备的腌菜 爽口

圣女果黄瓜泡菜

1人份 41 千卡 / 盐分 1.5 克

| 材料·4～5人份 |
圣女果…2袋（400克）
黄瓜…1根
A
｜ 醋…1/2杯
｜ 水…1/4杯
｜ 白砂糖…3大勺
｜ 盐…1⅓大勺
｜ 橄榄油…1小勺
｜ 月桂叶（选用）…2片
｜ 黑胡椒（选用）…少许

| 做法 |
1 圣女果用竹扦戳4个孔，黄瓜切丁。
2 将材料A放入保鲜袋中，充分搅拌使白砂糖化开，倒入步骤1的材料中腌2小时以上。

 创新

加入黄甜椒，色彩更加丰富。可以减少圣女果的用量。

冷藏 2~3日
不可冷冻

凉拌和调味

121

快速

4分钟完成

与海蕴一起凉拌 **爽口**

海蕴番茄拌豆腐

1人份 52千卡 / 盐分 0.6克

| 材料·2～3人份 |

番茄…1个
绢豆腐…1/2块（175克）
海蕴（调味）…2袋（160克）
炒白芝麻…适量
酱油（根据个人口味）
　…适量

| 做法 |

1 番茄、绢豆腐切成1厘米见方的小块。
2 放入海蕴，装盘，撒炒白芝麻。根据个人口味淋酱油。

8分钟完成

只用盐、胡椒调味，味道简单 **咸味**

番茄酿肉馅

1人份 149千卡 / 盐分 0.6克

足量

| 材料·2～3人份 |

番茄…3个
混合肉馅…120克
色拉油…适量
盐、胡椒…各少许
蛋黄酱（根据个人口味）
　…适量

| 做法 |

1 切掉番茄顶端并掏空（果肉备用）。
2 平底锅中倒入色拉油，中火将肉馅翻炒变色后加入番茄果肉，快速翻炒后用盐、胡椒调味。
3 分成3等份，装入番茄杯中。装盘，根据个人口味淋蛋黄酱。

用芥末的辣味点缀 （酱油）

日式圣女果小葱沙拉

1人份　93 千卡／盐分 0.4 克

| 材料·4～5人份 |
圣女果…2袋（400克）
小葱…3～4根
A 橄榄油…3大勺
　 酱油…2小勺
　 芥末…1/4小勺
　 盐…少许

| 做法 |
1 小葱切碎。
2 将材料 A、圣女果和小葱拌匀。

凉拌和调味

冷藏 2~3日

不可冷冻

加热增加番茄的甜味 （爽口）

煎番茄腌沙拉鸡肉

1人份　116 千卡／盐分 0.5 克

| 材料·4～5人份 |
番茄…3个
沙拉鸡肉…1袋（120克）
洋葱…1/4个
橄榄油…1大勺
A 盐…1/4小勺
　 橄榄油…2大勺
　 醋、柠檬汁…各1大勺
　 黑胡椒…少许
　 干香草（选用）…少许

| 做法 |
1 番茄切成1厘米厚的半圆形，沙拉鸡肉切成5毫米厚的片，洋葱切薄片。
2 平底锅中倒入橄榄油，中火加热，双面煎番茄后取出。放入洋葱快速翻炒。
3 将沙拉鸡肉、番茄和洋葱放入保存容器中，倒入混合均匀的材料 A。

冷藏 2日

不可冷冻

平底锅

能用在各种料理中，非常方便
自制调料

简单的咸味，可以用在日式、西式、中式等各种料理中

肉馅盐炒洋葱

冷藏3日
冷冻7周

| 材料·2～3人份，做3～4次 |

猪肉馅…400克
洋葱…1/2个

　　┬　料酒…1大勺
　　A　盐…1/2小勺
　　┴　胡椒…少许

| 做法 |

1 洋葱切碎。

2 平底锅中放入猪肉馅和洋葱，中火翻炒。如渗出较多油脂，用厨房纸巾擦掉后加材料 A 调味。

→ 用途 1
炒饭

| 材料·2～3人份 |

肉馅盐炒洋葱…1/4份
米饭…2碗（400克）
蛋液…1个鸡蛋的量
香油…1大勺

　┬　酱油 1小勺
　A　鸡精 1/2小勺

| 做法 |

1 平底锅中倒入香油，中火加热，加入肉馅盐炒洋葱和米饭翻炒。

2 均匀淋入蛋液，迅速翻炒。沿着锅边倒入混合后的材料 A 调味。

→ 用途 2
炸肉饼

| 材料·2～3人份 |

肉馅盐炒洋葱…1/4份
土豆…3个
面粉、蛋液、面包粉…各适量
色拉油…3大勺
酱汁、柠檬等（根据个人口味）…各适量

| 做法 |

1 土豆去皮后切成 4～6 等份，用冷水冲洗。沥干后盖上保鲜膜，用微波炉加热 5～8 分钟。

2 土豆趁热捣碎，加入肉馅盐炒洋葱后搅拌均匀，分成 4～6 等份，团成球形，依次裹上面粉、蛋液、面包粉。

3 平底锅中倒入一半量的色拉油，中火加热，放入肉饼炸至焦黄色后翻面，用剩余的油炸另一面。装盘，根据个人口味淋酱汁，搭配柠檬。

→ 用途 3
肉馅蛋包饭

| 材料·2～3人份 |

肉馅盐炒洋葱…1/4份
鸡蛋…3个
牛奶…1大勺
黄油…5克
番茄酱（根据个人口味）…适量

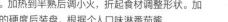

| 做法 |

1 鸡蛋打入碗中，加入肉馅盐炒洋葱和牛奶混合。

2 在平底锅中放入黄油，中火加热，倒入步骤 1 的材料后充分搅拌。加热到半熟后调小火，折起食材调整形状。加热到喜欢的硬度后装盘，根据个人口味淋番茄酱。

→ 用途 4
豆腐烩菜

| 材料·2～3人份 |

肉馅盐炒洋葱…1/4份
木棉豆腐…1块（350克）
苦瓜…1/3根
蛋液…1个鸡蛋的量
香油、酱油…各1大勺
干松鱼（根据个人口味）…适量

| 做法 |

1 豆腐沥干后撕成 4 厘米见方的块。苦瓜纵向切成两半后去籽，切成 5 毫米厚的片。

2 平底锅中倒入香油，油热后加入肉馅盐炒洋葱和苦瓜，翻炒两三分钟。加入豆腐翻炒变色，注意不要切碎豆腐。

3 均匀淋入蛋液，熟后加酱油。装盘，根据个人口味撒干松鱼。

保存方法
- 放入保鲜袋中冷藏或冷冻保存。
- 分成方便使用的小份后保存。

使用方法
- 冷藏保存的情况下可直接使用，冷冻保存的情况下用流水或微波炉解冻后使用。

可以代替酱汁和调味料调味
那不勒斯意面调料

冷藏 2~3 日
冷冻 7 周

| 材料·2~3人份，做2~3次 |
培根…3片
洋葱…1个
青椒…2个
橄榄油…1大勺
A 番茄酱…1杯
伍斯特酱、料酒…各1大勺
胡椒…少许

| 做法 |
1 培根切成1厘米宽的条，洋葱切片。青椒纵向切成两半后去籽，切成8毫米宽的丝。
2 平底锅中倒入橄榄油，中火翻炒培根和洋葱两三分钟。加入青椒后迅速翻炒，加材料A再炒2~4分钟。

→ 用途1
那不勒斯意面

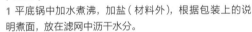

| 材料·2人份 |
那不勒斯意面调料…1/2份
意大利面…200克
芝士粉（根据个人口味）…适量

| 做法 |
1 平底锅中加水煮沸，加盐（材料外），根据包装上的说明煮面，放在滤网中沥干水分。
2 倒掉平底锅里的热水，加入那不勒斯意面调料和意大利面翻炒。
3 装盘，根据个人口味撒芝士粉。

→ 用途2
蛋包饭

| 材料·2人份 |
那不勒斯意面调料…1/2份
米饭…2碗多（400克）
橄榄油…1小勺
A 鸡蛋…3个
牛奶…1大勺
盐、胡椒…各少许
番茄酱（根据个人口味）…适量

| 做法 |
1 平底锅中倒入那不勒斯意面调料，中火炒一两分钟，加入米饭翻炒。装盘，调整形状。
2 平底锅中倒入一半橄榄油，中火加热，倒入一半材料A做成煎蛋饼。一共做2张。
3 将米饭分别用煎蛋饼卷起，根据个人口味淋番茄酱。

→ 用途3
煎鸡腿肉配番茄酱

| 材料·2~3人份 |
那不勒斯意面调料…1/4份
鸡腿肉…2片
橄榄油…1/2大勺
盐、胡椒…各少许
水…2大勺

| 做法 |
1 去掉鸡腿肉多余脂肪，肉厚的地方切开，撒盐、胡椒。
2 平底锅中倒入橄榄油，中火加热，将鸡腿肉鸡皮朝下煎至变色后翻面，两面都煎脆后盖上盖子，做熟后装盘。
3 擦净平底锅中的油，加入那不勒斯意面调料和水煮开，淋在鸡腿上。

→ 用途4
那不勒斯沙拉鸡肉三明治

| 材料·2~3人份 |
那不勒斯意面调料…1/4份
切片面包（8片装）…4片
沙拉鸡肉…1包（120克）
生菜叶…2片
芝士…2片

| 做法 |
1 沙拉鸡肉切薄片，生菜叶洗净、擦干。那不勒斯意面调料加热后放凉。
2 在切片面包上依次放生菜叶、鸡肉、那不勒斯意面调料、芝士，盖上另一片面包，用保鲜膜包住。用同样的方法做好另一个，放入冷藏室中，充分入味后切成两半。

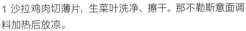

125

西蓝花

快手菜

快速

加入芥末的酱汁是关键 （辛辣）

火腿卷西蓝花配芥末塔塔酱

1人份 107 千卡 / 盐分 0.9 克

| 材料·2～3人份 |
西蓝花…1/2棵
火腿…3～5片
| 蛋黄酱…2大勺
A 牛奶、盐曲…各1小勺
| 芥末…1/4小勺

| 做法 |
1 西蓝花分成小朵，焯两三分钟后沥干水分。
2 火腿切成两半，卷起西蓝花，调整成花束形状，用牙签固定。
3 装盘，搭配混合均匀的材料A。

创新

也可以用1:1的番茄酱和蛋黄酱混合，调成酱汁。

8分钟完成

10分钟完成

足量

搭配用伍斯特酱和牛奶做的酱汁 （浓郁）

西蓝花口蘑配棕酱

1人份 46 千卡 / 盐分 0.3 克

| 材料·2～3人份 |
西蓝花…1/2棵
口蘑…3个
黄油…5克
面粉…1/2大勺
| 牛奶…1/3杯
A
| 伍斯特酱…1/2大勺

| 做法 |
1 西蓝花分成小朵，口蘑切薄片。
2 用平底锅煮开水，加入西蓝花焯两三分钟。中途加入口蘑，一起沥干水分后装盘。
3 倒掉平底锅里的热水，加入黄油和面粉炒一两分钟，加材料A混合均匀，搅拌至黏稠后淋在步骤2的材料上。

西蓝花的维生素 C 含量在蔬菜中名列前茅。西蓝花营养价值高，色彩鲜艳又有嚼劲，是能够用来增加分量的优秀食材。

味道微甜，让人停不了口 （酱油）

白芝麻拌西蓝花

1人份　71千卡 / 盐分 0.9 克

| 材料·4～5人份 |

西蓝花…1棵
木棉豆腐…1/2 块（175克）
胡萝卜…1/4 根

A ┌ 炒白芝麻…2大勺
　├ 酱油…1½大勺
　└ 白砂糖…1/2小勺

| 做法 |

1 西蓝花分成小朵，胡萝卜切条。一起放入耐热容器中，盖上保鲜膜后用微波炉加热 4 分钟左右，沥干水分。

2 豆腐用微波炉加热 3 ～ 5 分钟，放凉后用厨房纸巾充分擦干水分。

3 将豆腐放入碗中，用橡胶铲压碎。将材料 A 混合均匀后和步骤 1 的材料一起放入碗中拌匀。

微波炉

冷藏 2 日
不可冷冻

突出海米的甜香 （浓郁）

蚝油海米炒西蓝花

1人份　61千卡 / 盐分 0.7 克

| 材料·4～5人份 |

西蓝花…1棵
海米…5克
香油…1½大勺

A ┌ 蚝油…1½大勺
　└ 料酒…1大勺

| 做法 |

1 西蓝花分成小朵，较厚的地方纵向切成两半。

2 平底锅中倒入香油，中小火加热，放入西蓝花炒一两分钟，加入 1/3 杯水后盖上盖子，加热 3 ～ 5 分钟，注意搅拌。

3 开盖让水分蒸发，加入海米和材料 A 后翻炒均匀。

冷藏 2~3 日
冷冻 4 周

平底锅

快速

5分钟完成

优雅的鲜绿色沙拉 浓郁

西蓝花牛油果绿沙拉

1人份 112千卡／盐分0.3克

| 材料·2～3人份 |
西蓝花…1/2棵
牛油果…1/2个
柠檬汁…1大勺
A ┌ 蛋黄酱…1大勺
│ 橄榄油…1大勺
│ 盐、黑胡椒碎
└ …各少许

| 做法 |
1 西蓝花分成小朵，放入耐热容器中，盖上保鲜膜后用微波炉加热2分30秒左右。
2 牛油果切成2厘米见方的块，淋柠檬汁。
3 将材料A、西蓝花和牛油果拌匀。

10分钟完成

足量

鸡胸肉清爽又健康 咸味

西蓝花煮鸡胸肉

1人份 58千卡／盐分1.1克

| 材料·2～3人份 |
西蓝花…1/2棵
鸡胸肉…3条
盐、胡椒…各少许
干香草(选用)…1/3小勺
A ┌ 水…1½杯
└ 浓汤宝…1个

| 做法 |
1 西蓝花分成小朵，鸡胸肉撒盐、胡椒。
2 将材料A放入平底锅中，中火煮沸，将鸡胸肉、西蓝花煮四五分钟，鸡胸肉煮熟后加入干香草(选用)。
3 取出鸡胸肉，撕开，去筋，倒回平底锅中，搅拌均匀后装盘。

创新
加入意大利面做成意大利汤面，同样美味。

调出富有层次的味道 （酱油）

葱拌西蓝花

1人份 48 千卡／盐分 0.5 克

| 材料·4～5人份 |

西蓝花…1棵

大葱…1/3根

A
┃ 咸海带（切碎）
┃　…2撮（约5克）
┃ 香油…1大勺
┃ 酱油、炒白芝麻
┃　…各1/2大勺

| 做法 |

1 西蓝花分成小朵，放入耐热容器中，盖上保鲜膜后用微波炉加热 3～5 分钟。

2 大葱切小段，用保鲜膜包好，微波炉加热 10～20 秒。

3 将材料 A、西蓝花和大葱拌匀。

微波炉

冷藏 2~3日
冷冻 4周

辛辣的豆瓣酱会让人上瘾 （辛辣）

豆瓣酱煎西蓝花

1人份 81 千卡／盐分 0.5 克

| 材料·4～5人份 |

西蓝花…1棵

盐…少许

面粉…适量

A
┃ 鸡蛋…2个
┃ 豆瓣酱…1小勺
┃ 芝士粉…1大勺

香油…1大勺

番茄酱（根据个人口味）
　…适量

| 做法 |

1 西蓝花分成小朵，厚的地方纵向切成两半，撒盐、面粉。

2 用混合均匀的材料 A 充分包裹西蓝花。

3 平底锅中倒入香油，中火加热，放入西蓝花。盖上盖子小火加热三四分钟，出现焦痕后翻面再煎三四分钟，用竹扦扎透即可。根据个人口味搭配番茄酱。

冷藏 2~3日
冷冻 4周

平底锅

快速

7分钟完成

酱料有怀旧的味道 （酱油）

蟹肉棒浇汁西蓝花

1人份 35 千卡／盐分 1.1 克

| 材料·2～3人份 |
西蓝花…1/2棵
蟹肉棒…2根
A
　水…3大勺
　蘸面汁（2杯浓缩）
　　…2大勺
　盐 少许
　淀粉…1/4小勺
　　（加少许水化开）
　姜末…1/3小勺

| 做法 |
1 西蓝花分成小朵，焯3分钟后沥干水分，装盘。
2 蟹肉棒撕开，和材料A一起放入锅中，边搅拌边用中火煮至黏稠后淋在西蓝花上。

足量

10分钟完成

简单而丰盛，可以用在聚会上 （浓郁）

西蓝花芝士火锅

1人份 169 千卡／盐分 1.0 克

| 材料·2～3人份 |
西蓝花…1/2棵
切片面包（6片装）…1片
卡门贝尔芝士
　…1个（约100克）
牛奶（或酒）…1小勺

| 做法 |
1 西蓝花分成小朵，放入耐热容器中，盖上保鲜膜后用微波炉加热两三分钟。
2 面包切成1.5厘米宽的棒状，用烤箱烤至酥脆。
3 用刀在芝士中心切开一个圆孔，揭开表面薄皮，倒入牛奶，不盖保鲜膜，用微波炉加热2分30秒～3分30秒，至中心化开。
4 将西蓝花和面包装盘，搭配芝士。

简单方便，最适合放在便当中 浓郁

微波炉西蓝花香肠热沙拉

1人份 121 千卡 / 盐分 0.9 克

| 材料·4～5人份 |

西蓝花…1棵

香肠…4根

盐、胡椒…各少许

A ┌ 蛋黄酱…3大勺
  └ 番茄酱…1大勺

推荐加入碎果仁和芝士粉一起搅拌。

| 做法 |

1 西蓝花分成小朵，香肠斜刀切成较大的块。

2 将步骤1的材料放入耐热容器中，撒盐、胡椒，加2大勺水，盖上保鲜膜后用微波炉加热3～5分钟。

3 将材料A混合均匀后放在另一容器中，食用时倒入沙拉中，搅匀。

微波炉

冷藏 2～3日
冷冻 4周

加入蛋黄酱的面衣更膨松 咸味

西式蛋黄酱炸西蓝花

1人份 222 千卡 / 盐分 0.3 克

| 材料·4～5人份 |

西蓝花…1棵

A ┌ 鸡蛋…1个
  │ 蛋黄酱…2大勺
  │ 水…1/4杯
  │ 盐…1撮
  └ 面粉…1/2杯多

色拉油…适量

番茄酱、盐等（根据个人口味）…各适量

| 做法 |

1 西蓝花分成小朵。

2 依菜谱顺序混合材料A，裹在西蓝花上。

3 平底锅中倒入1.5～2厘米深的油，中火加热，放入西蓝花，边翻面边炸3～5分钟，面衣变脆后放在厨房纸巾上沥油。食用时根据个人喜好蘸番茄酱和盐。

冷藏 2～3日
冷冻 4周

平底锅

菠菜

快手菜

混合豆子和芝士让颜色更丰富 （酱油）

菠菜芝士沙拉

1人份　112千卡／盐分0.7克

| 材料·2～3人份 |

菠菜…1把（200克）
芝士…2片（16克）
混合豆子…50克
A ｜ 橄榄油…1大勺
　 ｜ 酱油…1小勺
　 ｜ 盐、胡椒…各少许

| 做法 |

1 菠菜焯水后充分沥干水分，切成2厘米长的段。芝士切成1厘米见方的块。
2 将材料A、步骤1的材料和混合豆子拌匀。

创新

可以加入1～1½勺洋葱末，增加甜度。

7分钟完成

12分钟完成

油炸后口感更佳 （浓郁）

油炸菠菜火腿

1人份　152千卡／盐分0.2克

| 材料·2～3人份 |

菠菜…1/4把（50克）
火腿…1片
A ｜ 鸡蛋…1/4个
　 ｜ 水…20毫升
　 ｜ 面粉…1/2～2/3杯
色拉油…适量
蘸面汁等（根据个人口味）
　　…适量

| 做法 |

1 菠菜切成4厘米长的段，充分擦干水分。火腿切丝。
2 混合材料A，调整水和面粉的量，做成蛋糕坯的硬度。加入步骤1的材料，用面糊裹住所有食材。
3 平底锅中倒入2厘米深的油，中火加热，放2大勺步骤2的材料，稍铺开。翻面炸三四分钟，面衣变脆后放在厨房纸巾上沥油。根据个人口味配蘸面汁等。

菠菜无论煮或炒都很美味，营养丰富，是餐桌上不可或缺的食材。
既可以作为主菜也可以作为配菜，用途广泛。

微波炉

推荐作为早餐 咸味

微波炉菠菜蒸蛋

1人份　93 千卡 / 盐分 0.5 克

| 材料·4～5人份（直径8.5厘米，5个）|

菠菜…1把（200克）
鸡蛋…5个
盐、胡椒…各少许
橄榄油…适量
番茄酱（根据个人口味）
　…适量

| 做法 |

1 菠菜盖上保鲜膜后用微波炉加热1分钟左右，用冷水冲洗后充分拧干水分，切成3厘米长的段。

2 在容器里涂橄榄油，放入菠菜和鸡蛋，用竹扦在蛋黄上戳两三个孔，撒盐、胡椒。盖上保鲜膜后放入微波炉，加热30秒～1分30秒。食用时根据个人口味淋番茄酱。

烹饪要点

加热时要避免鸡蛋破裂。

冷藏 2~3日
不可冷冻

冷藏 2~3日
冷冻 4周

平底锅

老少皆宜的常规组合 咸味

黄油煎菠菜玉米粒

1人份　69 千卡 / 盐分 0.5 克

| 材料·2～3人份 |

菠菜…2把（400克）
玉米粒…80克
黄油…8克
盐、胡椒…各少许

| 做法 |

1 菠菜焯20～30秒，沥干后切成5厘米长的段。

2 平底锅中放入黄油，中火加热，迅速翻炒菠菜和玉米粒1分钟，撒盐、胡椒。

烹饪要点

菠菜最好焯水后再炒，可以去除草酸。

快速

用裙带菜凉拌做成小菜 （酱油）

裙带菜拌菜

1人份 20千卡 / 盐分 0.4克

| 材料·2~3人份 |
菠菜…1把（200克）
裙带菜…50克
蘸面汁（2倍浓缩）…1大勺
干松鱼…适量

| 做法 |
1 菠菜焯水后用冷水冲洗，充分拧干后切成4厘米长的段。
2 用蘸面汁将菠菜和裙带菜拌匀，装盘后撒干松鱼。

创新
加入纳豆可以增加分量，也可以做成盖浇饭。

5分钟完成

15分钟完成

能立刻做好的简单奶汁烤菜 （浓郁）

菠菜鹌鹑蛋奶汁烤菜

1人份 217千卡 / 盐分 1.9克

| 材料·2~3人份 |
菠菜…1把（200克）
洋葱…1/6个
水煮鹌鹑蛋…6个
A｜白酱罐头…1/2罐（150克）
｜牛奶…2大勺
｜盐、胡椒…各少许
芝士…50克

| 做法 |
1 菠菜切成4厘米长的段，洋葱切薄片。
2 平底锅烧水，放入菠菜和洋葱焯1分钟左右，用冷水冲洗后充分拧干水分。
3 将菠菜和洋葱放入锅中，加入鹌鹑蛋和材料A，边搅拌边中火加热一两分钟。
4 放入耐热容器中，放芝士，用烤箱烤4~6分钟，烤出焦痕。

足量

鳕鱼子配蛋黄酱和酱油，味道绝佳 浓郁

菠菜鳕鱼子拌油豆腐

1人份 78千卡 / 盐分 0.7克

| 材料·4~5人份 |

菠菜…2把（400克）

油豆腐块…120克

鳕鱼子
　…1/2~1个（约25克）

A ┌ 蛋黄酱…1大勺
　└ 酱油…2½小勺

| 做法 |

1 菠菜盖上保鲜膜后用微波炉加热1分钟左右，过凉水后沥干，切成4厘米长的段。

2 油豆腐块切成长2厘米、宽1厘米的块，放在耐热容器中，盖上保鲜膜后用微波炉加热5~7分钟。

3 鳕鱼子从薄皮中取出，搅散，与菠菜、油豆腐块和材料A混合均匀。

微波炉

冷藏 2~3日
不可冷冻

享受菠菜与金针菇不同的口感 爽口

凉拌菠菜金针菇

1人份 34千卡 / 盐分 1.0克

| 材料·4~5人份 |

菠菜…2把（400克）

金针菇…1袋（80克）

A ┌ 蘸面汁（2倍浓缩）
　│ …5~6大勺
　└ 干松鱼…1袋（2克）

| 做法 |

1 金针菇去根，切成两段后轻轻撕开。焯水后用冷水冲洗，充分拧干水分。

2 菠菜焯30秒左右后用冷水冲洗，充分拧干后切成四五厘米长的段。

3 用材料A将金针菇和菠菜拌匀。

冷藏 2~3日
冷冻 4周

平底锅

茼蒿、小白菜、小松菜

撕碎、摆盘、淋酱汁，用时超短 爽口

茼蒿泡菜沙拉

1人份 64千卡／盐分0.8克

| 材料·2～3人份 |

茼蒿…1小把
生菜…1/4个
白菜泡菜…60克
香油…1大勺
蚝油…1小勺
海苔（选用）…适量

| 做法 |

1 撕下茼蒿叶，生菜撕成适口大小，一起用冷水冲洗后沥干。

2 装盘，放入切成适口大小的白菜泡菜，均匀淋香油和蚝油，撒撕碎的海苔。

5分钟完成

12分钟完成

将奶油浓汤做成中式风味 浓郁

小白菜培根奶油浓汤

1人份 112千卡／盐分1.0克

| 材料·2～3人份 |

小白菜…2棵
培根…1½片
黄油…5克
A　牛奶…1杯
　　鸡精…1/2小勺
　　蚝油…1/2小勺
　　盐、胡椒…各少许
淀粉…1小勺
（加2小勺水化开）
黑胡椒碎…适量

| 做法 |

1 洗净小白菜，分成4等份后切成两段。培根切成2厘米宽的条。

2 平底锅加热黄油，迅速翻炒培根，加材料A后用中火煮，注意搅拌。加入小白菜煮两三分钟，煮软后加入水淀粉。装盘，撒黑胡椒碎。

茼蒿带有爽口的苦味，小松菜食用方便、没有怪味，较粗的小白菜味道鲜美。绿叶菜茎叶分开使用效果更好。

常备菜

微苦的茼蒿味道爽口 `甜辣`

牛肉煮茼蒿

1人份 157千卡／盐分1.3克

| 材料·4～5人份 |

茼蒿…1把
牛肉片…200克
胡萝卜…1/3根
　水…1/3杯
　白砂糖…1½大勺
A 酱油…2大勺
　料酒…1大勺
　鸡精…1小勺

| 做法 |

1 茼蒿切成六七厘米长的段，胡萝卜切长方条。
2 将牛肉片、胡萝卜和材料A放入耐热容器中，盖上保鲜膜后用微波炉加热6～10分钟，将牛肉做熟。
3 将步骤2的材料拨到一边，加入茼蒿，盖上保鲜膜后继续加热2～4分钟。

微波炉

冷藏 2~3日
冷冻 4周

加入了芝麻，口感清爽 `爽口`

芝麻小松菜醋拌萝卜干

1人份 90千卡／盐分0.8克

| 材料·4～5人份 |

小松菜…2把（200克）
萝卜干…20克
鱼糕…2根
　炒白芝麻…3½大勺
　醋…1½大勺
A 白砂糖…1½小勺
　酱油…1小勺
　盐…少许

| 做法 |

1 萝卜干在热水里泡发，鱼糕切成5毫米厚的圆片。
2 用平底锅烧水，放入小松菜和萝卜干煮1分钟。用冷水冲洗后充分拧干，切成5厘米长的小段。
3 用材料A将鱼糕和步骤2的材料拌匀。

冷藏 2~3日
冷冻 4周

平底锅

快手菜

白萝卜的辣味和酸橙酱油搭配和谐 `爽口`

白萝卜末拌蘑菇

1人份 24 千卡 / 盐分 0.5 克

| 材料·2～3人份 |

白萝卜…1/6根（约130克）
舞茸…1袋
杏鲍菇…1根
料酒…1大勺
盐…少许
酸橙酱油…适量
小葱（切碎，选用）…适量

| 做法 |

1 白萝卜擦碎，轻轻拧干水分。舞茸撕开，杏鲍菇切两三段后切成四五毫米厚的长方片。
2 将杏鲍菇和舞茸放入耐热容器中，加料酒和盐，盖上保鲜膜后用微波炉加热2分钟左右，将渗出的水分控干。
3 白萝卜末和步骤2的材料拌匀后装盘，淋酸橙酱油，撒小葱（选用）。

10分钟完成

10分钟完成

既可以当小菜，也可以当零食 `味噌`

味噌烧白萝卜

1人份 65 千卡 / 盐分 1.1 克

| 材料·2～3人份 |

白萝卜…1/4根（200克）
玉米粒…2大勺
香油…1/2大勺
A ┌ 味噌…1大勺
  │ 白砂糖…1/2大勺
  │ 酱油…1小勺
  └ 白炒芝麻…1/2小勺
大葱白（切小段）…适量

| 做法 |

1 白萝卜切成方便食用的长方条。
2 平底锅中倒入香油，中火炒至白萝卜变软。加入玉米粒和材料 A 翻炒，装盘后撒大葱白。

白萝卜可以生吃，煮熟后同样美味，制作方便。
用微波炉加热后熟得更快，能够缩短烹饪时间。

常备菜

酱油入味后味道醇厚 （浓郁）

金枪鱼炖白萝卜

| 1人份 74千卡 / 盐分1.3克 |

| 材料·4～5人份 |
白萝卜…1/2根（400克）
金枪鱼罐头…1罐（70克）
A
┃ 酱油…2大勺
┃ 味醂…1½大勺
┃ 白砂糖…1/2大勺
┃ 水…约2/3杯
┃ 日式高汤颗粒…1小勺

| 做法 |
1 白萝卜切成1厘米厚的扇形。
2 将白萝卜和材料A放入耐热容器中，盖上保鲜膜后用微波炉加热15分钟左右（中间翻一次面）。
3 加入倒掉汤汁的金枪鱼罐头，加热一两分钟，冷却入味。

微波炉

冷藏3～4日
冷冻7周

只需要混合后腌制的简单泡菜 （咸味）

盐曲腌白萝卜

| 1人份 21千卡 / 盐分1.4克 |

| 材料·4～5人份 |
白萝卜…1/4根（200克）
盐曲…2大勺
白砂糖…1小勺
日式高汤颗粒…1/4小勺

| 做法 |
1 白萝卜切成5毫米厚的扇形。
2 将所有材料装入保鲜袋中，轻轻揉搓后冷藏腌制2小时以上。食用时拧干水分，装盘。

保存窍门

推荐用保鲜袋保存。腌泡汁能更全面地包裹食材，让整体充分入味。

冷藏2～3日
冷冻7周

凉拌和调味

快速

7分钟
完成

充分享受白萝卜和水菜的清脆口感 爽口

白萝卜丝水菜鱼干沙拉

1人份 78 千卡 / 盐分 0.7 克

| 材料·2~3人份 |

白萝卜…1/6 根（约 130 克）

水菜…1棵

小鱼干…2大勺

A
色拉油…1大勺
香油…1/2大勺
醋…2/3大勺
酱油、白砂糖
…各 1/2 小勺
盐…少许

海苔（根据个人口味）
…适量

| 做法 |

1 白萝卜切丝，水菜切成 6 厘米长的小段后混合。装盘，撒小鱼干。

2 淋混合后的材料 A，根据个人口味撒撕碎的海苔。

创新

加入水煮羊栖菜和金枪鱼增加分量。

10分钟
完成

足量

黄油的香味能刺激食欲 浓郁

黄油酱油白萝卜炒鱼糕

1人份 72 千卡 / 盐分 0.9 克

| 材料·2~3人份 |

白萝卜…1/4 根（200 克）

鱼糕…1根

橄榄油…1/2大勺

A
黄油…5克
蒜末…1/2 小勺
酱油…1/2大勺
白砂糖…1/2 小勺

| 做法 |

1 白萝卜切成三四毫米厚的扇形，鱼糕切成 5 毫米厚的圆片。

2 平底锅中倒入橄榄油，中火加热。放入白萝卜炒四五分钟，至白萝卜变软。

3 加入材料 A 翻炒。

烹饪要点

用橄榄油炒菜后再加入黄油，不容易焦，也不会失去黄油的风味。

用微波炉能很快做熟 **味噌**

味噌白萝卜

1人份 45千卡／盐分1.6克

| **材料·4～5人份** |
白萝卜…2/3根（约530克）
- 水…1/2杯
A 日式高汤颗粒…1小勺
- 盐…1/3小勺
- 味噌…2大勺
B 水、白砂糖…各1大勺
- 味醂…1小勺

| **做法** |
1 白萝卜去皮，切成1.5厘米厚的圆片，单面划十字。用冷水冲洗后将十字切口朝上放入耐热容器中，盖上保鲜膜后用微波炉加热10～12分钟，竹扦能轻松扎透即可（七八分钟时翻一次面）。
2 放入混合均匀的材料A加热后冷却。
3 材料B混合均匀后单独保存，食用时淋在步骤2的材料上。

微波炉

冷藏 2~3日
不可冷冻

冷藏 2~3日
不可冷冻

平底锅

最适合作为孩子的零食 **酱油**

油炸白萝卜条

1人份 134千卡／盐分0.9克

| **材料·4～5人份** |
白萝卜…1/2根（400克）
- 酱油、料酒…各1大勺
A 蒜末…1/2小勺
- 清高汤颗粒…1小勺
B 淀粉、面粉…各3大勺
色拉油…适量
黑胡椒碎…少许

| **做法** |
1 白萝卜切成七八厘米长的条。
2 将白萝卜和材料A放入保鲜袋中轻轻揉搓，涂抹混合均匀的材料B。
3 平底锅中倒入2厘米深的油，中火加热，放入白萝卜炸4～6分钟，炸至酥脆，放在厨房纸巾上沥油，撒黑胡椒碎。

141

快速

⟨8分钟 完成⟩

切薄片后芝麻味噌更容易入味 味噌

芝麻味噌拌白萝卜胡萝卜

1人份 50千卡／盐分 0.9克

| 材料·2～3人份 |

白萝卜···1/4根（200克）

胡萝卜···1/6根

A
味噌、白芝麻碎
　···各1大勺
白砂糖···1小勺
酱油···1/2小勺

| 做法 |

1 将白萝卜和胡萝卜用削皮器削成薄薄的带状。

2 放入耐热容器中，盖上保鲜膜后用微波炉加热1分钟左右。

3 放入材料A拌匀，倒掉汤汁后装盘。

⟨15分钟 完成⟩

用微波炉加热后煎，可缩短制作时间 浓郁

煎白萝卜

1人份 94千卡／盐分 1.5克

| 材料·2～3人份 |

白萝卜···1/4根（200克）

面粉···适量

香油···1大勺

A
烤肉酱（市售）
　···3大勺
淀粉···1/2小勺
（加1小勺水化开）

七味辣椒粉（根据个人口味）
　···适量

| 做法 |

1 白萝卜切成1.5厘米厚的圆片，单面划出十字。用保鲜膜包好，用微波炉加热5～7分钟，擦干水分后撒面粉。

2 平底锅中倒入香油，中火加热，将白萝卜双面煎至酥脆。

3 用厨房纸巾擦净平底锅中的油，加入材料A后拌匀。装盘，根据个人口味撒七味辣椒粉。

足量

用微波炉也能轻松做出炒菜 （浓郁）

微波炉中式炒白萝卜丝

1人份 108 千卡 / 盐分 1.3 克

| 材料·4~5人份 |

白萝卜…1/3根（约270克）
青椒…2个
猪肉馅…150克

A
  蚝油…1⅓大勺
  酱油…1/2大勺
  豆瓣酱…1小勺
  香油…1/2大勺
  姜末…1/2小勺
  淀粉…1小勺
  盐、胡椒…各少许

| 做法 |

1 白萝卜和青椒切丝。
2 在耐热碗中将材料A混合均匀，加入步骤1的材料和猪肉馅搅拌。盖上保鲜膜后用微波炉加热8~10分钟（六七分钟时搅拌一次）。

微波炉

冷藏 2~3日
不可冷冻

加入少量芥末的清爽味道 （爽口）

白萝卜丝蟹肉棒沙拉

1人份 59 千卡 / 盐分 0.6 克

| 材料·4~5人份 |

白萝卜…1/2根（400克）
蟹肉棒…4根
盐…1/4小勺

A
  蛋黄酱…2大勺
  醋…2小勺
  芥末（根据个人口味）
  …1/4小勺

| 做法 |

1 白萝卜切丝，撒盐后静置四五分钟，充分拧干水分。
2 用材料A将白萝卜和撕开的蟹肉棒拌匀。

冷藏 2~3日
不可冷冻

凉拌和调味

143

茄子

快手菜

快速

拌入了清爽的梅干 〔爽口〕

微波炉蒸茄子拌梅干

1人份　44千卡／盐分1.4克

| 材料·2~3人份 |
茄子…2根（140克）
　　梅干（去核、压扁）
　　　…1个
A　炒白芝麻…1½大勺
　　白砂糖、酱油
　　　…各1小勺

| 做法 |
1 茄子纵向切成两半后切薄片，用冷水冲洗。沥干水分后放入耐热容器中，盖上保鲜膜后用微波炉加热5分钟左右。
2 沥干水分后用材料A拌匀。

10分钟完成

13分钟完成

用辛辣的酱料勾芡 〔辛辣〕

麻婆茄子

1人份　161千卡／盐分1.2克

足量

| 材料·2~3人份 |
茄子…3根（210克）
猪肉馅…100克
大葱（切碎）…1/3根
香油…1大勺
　　水…150毫升
　　料酒…1大勺
　　味噌…2小勺
A　酱油、白砂糖、豆瓣酱
　　　…各1小勺
　　姜末…1小勺
　　鸡精…1小勺
淀粉…1/2大勺
　　（加1大勺水化开）

| 做法 |
1 茄子纵向切成6~8等份。
2 平底锅中倒入香油，加热后将猪肉馅翻炒变色，加入茄子翻炒熟后加入大葱和材料A煮开，用水淀粉勾芡。

创新

可以将茄子切成小块，做成麻婆茄子盖饭。

茄子没有怪味，是可以调成任何味道的人气蔬菜。非常吸油。
和肉一起做时能够充分吸收肉的鲜味，变得更美味。

常备菜

充分入味，最适合作为小吃 （爽口）

中式葱花茄子泡菜

1人份 47千卡 / 盐分 1.2克

| 材料·4～5人份 |
茄子…4根（280克）
大葱（切碎）…1/3根

A
醋…2大勺
酱油…1½大勺
香油…1大勺
鸡精、白砂糖
…各1小勺
姜末…1/2小勺

| 做法 |
1 茄子纵向切成三四毫米的片，用冷水冲洗，沥干后摆在耐热盘中，盖上保鲜膜后用微波炉加热3分钟左右。
2 放入保存容器中，撒大葱碎，淋混合均匀的材料A。

微波炉

冷藏 2～3日
冷冻 4周

汤汁饱满、分量十足 （酱油）

茄子炖青椒

1人份 57千卡 / 盐分 1.4克

| 材料·4～5人份 |
茄子…4个（280克）
青椒…5个
香油…1大勺

A
水…150毫升
酱油…2大勺
味醂、料酒…各2小勺
日式高汤颗粒…1小勺
白砂糖…2/3小勺

| 做法 |
1 茄子纵向切成两半，在表面划5毫米深的划痕。青椒不去蒂，中间切一个口。
2 平底锅中倒入香油，中火加热，放入步骤1的材料。食材全部被油包裹后加材料A煮开，盖上小锅盖，再盖上平底锅盖，小火炖15分钟左右。

冷藏 2～3日
冷冻 4周

平底锅

充分挤出茄子的水分 （爽口）

微波炉鳕鱼子蛋黄酱拌茄子

1人份 59 千卡／盐分 0.4 克

| 材料·2～3人份 |

茄子…2个（140克）
咸鳕鱼子…1/3个（15克）
蛋黄酱…1½大勺

| 做法 |

1 茄子纵向斜刀切成5毫米厚的片，用冷水冲洗，沥干水分后放入耐热盘中，盖上保鲜膜后用微波炉加热4分钟，用厨房纸巾包住，沥干水分。

2 用勺子划开咸鳕鱼子的薄皮，拨散。

3 茄子放凉后用鳕鱼子和蛋黄酱拌匀。

10分钟完成

13分钟完成

用鱼露调出独特的味道 （浓郁）

鱼露茄子炒大虾

1人份 78 千卡／盐分 1.3 克

| 材料·2～3人份 |

茄子…3个（210克）
虾仁…120克
盐、胡椒…各少许
色拉油…1/2大勺
┌ 料酒…1大勺
A 鱼露…2小勺
└ 蒜末…1/2小勺
小葱（切碎，选用）…适量

| 做法 |

1 茄子纵向斜刀切成5毫米厚的片，虾仁上撒盐、胡椒。

2 平底锅中倒入色拉油，中火加热，加入步骤1的材料炒4～6分钟。

3 虾仁炒熟、茄子变软后加入材料 A 翻炒。装盘，撒小葱（选用）。

富有光泽的外表能激发食欲 甜辣

微波炉煮茄子夹肉

1人份 91 千卡 / 盐分 2.2 克

| 材料·4～5人份 |

茄子…5个（350克）
淀粉…适量

A
┤ 鸡肉馅…150克
│ 大葱（切碎）…1大勺
│ 姜末…1/2小勺
└ 盐、胡椒…各少许

B
┤ 水…150毫升
│ 酱油…2大勺
│ 韩式辣酱…1½大勺
└ 鸡精…1小勺

| 做法 |

1 茄子从中间纵向切开，不用沥水，直接放入耐热容器中，盖上保鲜膜后用微波炉加热 4 分钟左右。

2 将材料 A 充分搅拌。

3 茄子上抹淀粉，中间划开，塞上步骤 2 的材料，摆在耐热容器中，淋材料 B，盖上保鲜膜后用微波炉加热 8 分钟左右。

微波炉

冷藏 2~3日
冷冻 4 周

冷藏 2~3日
冷冻 4 周

充分吸收猪肉香味的茄子美味多汁 浓郁

炸茄子肉卷

1人份 280 千卡 / 盐分 0.6 克

| 材料·4～5人份 |

茄子…2个（140克）
猪肉片…250克

A
┤ 盐、胡椒…各少许
│ 面粉…适量
│ 蛋液…适量
└ 面包粉…适量

色拉油…适量
酱汁（根据个人口味）
　…适量

| 做法 |

1 茄子纵向分成 6 等份。卷起猪肉片，按菜谱顺序涂材料 A。

2 平底锅中倒入 2 厘米深的油，中火加热，放入茄子肉卷，边翻面边炸 4 ～ 6 分钟，用厨房纸巾吸油，淋适合个人口味的酱汁。

创新

在茄子里卷涂过梅子酱的青紫苏，味道会更加清爽。

平底锅

快速

10分钟
完成

加入味酥，增加甜度 （香料）

咖喱茄子炒韭菜

1人份 53 千卡 / 盐分 0.5 克

| 材料·2~3人份 |

茄子…2个（140克）
韭菜…1/2把
橄榄油…1/2大勺

A
伍斯特酱、料酒
…各1大勺
咖喱粉、味酥
…各1小勺

| 做法 |

1 茄子纵向切成两半后切成5毫米厚的片（如果太长可切成两半）。韭菜切成5厘米长的段。

2 平底锅中倒入橄榄油，中火加热，放入茄子炒三四分钟至变软。

3 加入韭菜后迅速翻炒，加材料 A 搅拌均匀。

10分钟
完成

用新鲜番茄代替番茄酱 （浓郁）

番茄茄子炒培根

1人份 92 千卡 / 盐分 0.4 克

| 材料·2~3人份 |

茄子…3个（210克）
番茄…1个
培根…1片
橄榄油…1大勺
蒜末…1/2小勺
盐…少许

| 做法 |

1 茄子切成8毫米厚的片，番茄切成1.5厘米见方的块，培根切成1厘米宽的条。

2 平底锅中倒入橄榄油，中火加热，放入茄子和培根翻炒四五分钟至食材变软，加入番茄和蒜末迅速翻炒，用盐调味。

足量

创新

加入芝士后用烤箱烤，就能做成奶汁烤菜。

能轻松完成 （酱油）

紫苏腌茄子

1人份 19 千卡 / 盐分 1.0 克

| 材料·4～5人份 |

茄子…3个（210克）
青紫苏…4片
盐…1/2小勺
A ┌ 酱油…1/2小勺
  │ 日式高汤颗粒、香油
  └ …各1小勺

| 做法 |

1 茄子纵向切成两段，再切成1厘米厚的片，用冷水冲洗。沥干后装入保鲜袋中，撒盐，轻轻揉捏，水分渗出后拧干。

2 青紫苏纵向切成两半，再切成5毫米粗的丝，用冷水冲洗后拧干。

3 将青紫苏和材料A放入保鲜袋中混合。

凉拌和调味

冷藏 2~3日
不可冷冻

抹淀粉避免鸡肉变柴 （酱油）

茄子炖鸡肉

1人份 70 千卡 / 盐分 1.3 克

| 材料·4～5人份 |

茄子…4～5个（300克）
鸡胸肉…1/2片
淀粉…适量
A ┌ 水…3/4杯
  │ 蘸面汁（2倍浓缩）
  │ …1/2杯
  └ 姜末…1小勺
淀粉…1/2大勺（加1大勺水化开）

| 做法 |

1 茄子纵向划开后切成1.5厘米厚的圆片。鸡胸肉切成适口大小，涂淀粉。

2 将材料A放入平底锅，中火煮开。加入步骤1的材料，盖上盖子小火炖，鸡肉和茄子做熟后加水淀粉勾芡。

创新

最后撒上花椒粉，味道更佳。

冷藏 2日
冷冻 4周

平底锅

缩短时间的窍门!
使用半成品蔬菜的料理

可以打开袋子直接使用的半成品蔬菜和水煮蔬菜,在没时间做饭时是最好的帮手。市面上的半成品蔬菜种类繁多,请大家根据需要选择想要的食材。

快手菜

卷在煎蛋中增加分量　1人份　105千卡／盐分0.8克

蛋包混合蔬菜

| 材料·2~3人份 |

混合蔬菜(块)…200克
　※使用圆白菜、豆芽、
　　红甜椒
蛋液…2个鸡蛋的量
盐、胡椒…各少许
色拉油…2小勺
中浓酱汁、蛋黄酱…各适量

| 做法 |

1 平底锅中加入1小勺色拉油,油热后加盐、胡椒和蛋液,做成煎鸡蛋后装盘。

2 平底锅中加入1小勺色拉油,加热,撒盐翻炒混合蔬菜。放在煎鸡蛋上,将煎鸡蛋对折包好,淋中浓酱汁和蛋黄酱。

10分钟完成

能激发食欲的料理　1人份　239千卡／盐分1.0克

咖喱蔬菜炒肉

| 材料·2~3人份 |

混合蔬菜(切块)…200克
　※使用圆白菜、胡萝卜、
　　青椒、豆芽
猪五花肉…150克
盐、胡椒…各少许
香油…1/2大勺

A ┃ 酱油…1/2大勺
　 ┃ 咖喱粉…1小勺
　 ┃ 盐…少许

| 做法 |

1 猪五花肉切成4厘米宽的片,撒盐、胡椒。

2 平底锅中倒入香油,中火加热,翻炒肉片,变色后加入混合蔬菜翻炒。

3 加材料A调味。

5分钟完成

用柠檬汁让味道更加清爽　1人份　185千卡／盐分0.6克

微波炉肉卷菜丝

| 材料·2~3人份 |

圆白菜丝…100克
猪肉片…200克
盐、胡椒…各少许
柠檬角…适量

| 做法 |

1 用猪肉片卷起圆白菜丝,撒盐、胡椒。

2 肉片接口处朝下放在耐热容器中,盖上保鲜膜后用微波炉加热6分钟左右。装盘,搭配柠檬角。

10分钟完成

5分钟
完成

基本的调味适用于各种蔬菜　1人份　88 千卡／盐分 0.7 克

圆白菜火腿沙拉

| 材料·2～3人份 |

圆白菜（切块）…250克
火腿…2片
玉米粒…2大勺

A
橄榄油…1大勺
醋…1/2大勺
盐、胡椒、白砂糖
…各少许

| 做法 |

1 将圆白菜放入耐热容器中，盖上保鲜膜后用微波炉加热2分钟左右。过冷水后用厨房纸巾包住，拧干水分。

2 火腿切两半，再切成8毫米宽的条。

3 将材料A、步骤1和步骤2的材料、玉米粒拌匀。

略带酸味的德式炖菜　1人份　175 千卡／盐分 1.6 克

德国泡菜风味圆白菜丝煮香肠

| 材料·2～3人份 |

圆白菜丝…150克
香肠（大肉粒）…6根

A
水…1杯
醋…1大勺
清高汤颗粒…1小勺
盐、黑胡椒碎…各少许
月桂叶（选用）
…1～2片
芥末粒（根据个人口味）
…适量

| 做法 |

1 将材料A放入平底锅中煮沸，加入圆白菜丝、香肠煮3～5分钟。

2 装盘，根据个人口味配芥末粒。

8分钟
完成

5分钟
完成

充分利用嫩滑多汁的沙拉鸡肉　1人份　59 千卡／盐分 0.6 克

沙拉鸡肉拌辣椒油圆白菜

| 材料·2～3人份 |

圆白菜（切块）…250克
沙拉鸡肉…1/2片（60克）
盐…少许

A
鸡精…2/3小勺
香油…1小勺
辣椒油…适量

| 做法 |

1 将圆白菜和盐放入保鲜袋中轻轻揉捏，拧干水分。

2 沙拉鸡肉切成8毫米厚的片，然后切成适口大小。

3 将材料A、鸡肉和圆白菜拌匀。

莲藕炒牛蒡丝

| 材料·2~3人份 |

水煮莲藕（切片）…150克
色拉油…1小勺
白砂糖、酱油…各1/2大勺
炒白芝麻…1/2小勺

| 做法 |

1 平底锅中倒入色拉油，中火加热，炒莲藕。

2 加入白砂糖和酱油边煮边搅拌，加入炒白芝麻混合后关火。

5分钟完成

鳕鱼子蛋黄酱拌水煮竹笋

| 材料·2~3人份 |

水煮竹笋…150克
咸鳕鱼子
　…1/3~1/2个（15克）
蛋黄酱…1大勺

| 做法 |

1 竹笋切成适口大小，放入耐热容器中，盖上保鲜膜后用微波炉加热2分钟左右。

2 加入咸鳕鱼子和蛋黄酱搅拌均匀。

5分钟完成

竹笋土佐煮

| 材料·2~3人份 |

水煮竹笋…150克

A
　水…1/4杯
　酱油、味醂
　　…各1/2大勺
　日式高汤颗粒
　　…1/2小勺

干松鱼…1小袋（1克）

| 做法 |

1 竹笋切成适口大小。

2 将竹笋和材料A放入耐热碗中，盖上保鲜膜后用微波炉加热5分钟左右，加入干松鱼搅拌均匀。

7分钟完成

Part5

鸡蛋、豆制品料理

烹饪方便、分量十足的鸡蛋和豆制品不仅可以作为配菜和小吃，在主菜中同样能发挥重要作用。
大豆和油豆腐是健康食物，减肥人士也能放心食用。
火腿芝士煎蛋卷、用微波炉做的炒鸡蛋、色彩鲜艳的鸡蛋放入便当都很合适。鸡蛋和豆制品价格亲民，用它们做料理特别合适。

鸡蛋

快手菜

制作简单的丰盛冷盘　浓郁

煮魔鬼蛋

1人份　119千卡／盐分 0.4 克

| 材料·2～3人份 |

煮鸡蛋…3个

A
├ 蛋黄酱…1½大勺
├ 腌茄子（切碎）
│　…1大勺
└ 醋…1小勺

| 做法 |

1 煮鸡蛋切成两半，取出蛋黄。

2 将蛋黄与材料 A 混合，分成 6 等份，填入蛋清中，装盘。

创新

可以用切碎的腌黄瓜代替腌茄子，同样美味。

5分钟 完成

8分钟 完成

浓浓的蒜味　酱油

中式豆芽叉烧炒蛋

1人份　117千卡／盐分 1.6 克

| 材料·2～3人份 |

鸡蛋…2个

叉烧（薄片、市售）…2片

豆芽…1袋（200克）

香油…1/2大勺

A
├ 酱油…1小勺
├ 鸡精…1/2小勺
├ 蒜末…1/2小勺
└ 盐、胡椒…各少许

小葱（根据个人口味）
　…适量

| 做法 |

1 叉烧切丝。

2 平底锅中倒入香油，中火加热，加入叉烧和豆芽后迅速翻炒一两分钟。

3 将叉烧和豆芽拨到锅边，倒入蛋液迅速做熟，然后将所有食材混合，加材料 A 翻炒，根据个人口味撒小葱。

烹饪要点

可以先炒鸡蛋，盛出后炒蔬菜，再将鸡蛋倒回锅中调味。

鸡蛋营养价值高、价格实惠、鲜艳的黄色能为餐桌增光添彩。
做成常备菜时要做熟，不能做成半熟。

常备菜

微波炉

建议作为休息日的午餐 （咸味）

微波炉简易法式小盅焗蛋

1人份 188千卡/盐分1.1克

| 材料·4～5人份（直径8.5厘米的模具，5个）|

香肠…3根
洋葱…1/2个
西蓝花…2块
黄油…适量

A ┤ 鸡蛋…4个
牛奶…2大勺
盐…1/4小勺
胡椒…少许

芝士…60克

烹饪要点

鸡蛋会激烈沸腾，用微波炉加热时要随时关注。

| 做法 |

1 香肠切成5毫米厚的片，洋葱切片，西蓝花分成小朵。将西蓝花、洋葱盖上保鲜膜后用微波炉加热1分钟左右，让食材变软。

2 在模具中涂黄油，放入步骤1的材料，淋混合均匀的材料A，倒至七分满，放芝士。

3 盖上保鲜膜后用微波炉500瓦加热1分30秒～2分30秒，中途要移动模具的位置，避免加热不均。用竹扦扎透不再流出液体即可。如果加热时间不够，每次增加10秒。

冷藏 2~3日
不可冷冻

用鸡蛋做出分量十足的小吃 （浓郁）

异国风味海米粉丝鸡蛋烧

1人份 103千卡/盐分0.6克

| 材料·4～5人份 |

鸡蛋…4个
粉丝…20克
小松菜…1棵
海米…3克

A ┤ 鱼露…1/2大勺
胡椒…少许
料酒…1小勺

香油…1大勺

创新

可以用香菜代替小松菜，能增加异国风味。

| 做法 |

1 粉丝用热水泡开，过冷水后充分拧干，切成4厘米长的段。小松菜切成1厘米长的段。

2 在打散的鸡蛋中加入步骤1的材料、海米和材料A，搅拌均匀。

3 平底锅中倒入香油，中火加热，放入步骤2的材料后搅拌。鸡蛋半熟后对折，做成圆饼形，小火边翻面边加热至鸡蛋全熟，散热后切开。

冷藏 2~3日
不可冷冻

平底锅

155

快手菜

快速

迅速做好的鸡蛋小菜 〔酱油〕

蛋包洋葱蟹肉

1人份 114千卡／盐分1.7克

| 材料·2~3人份 |

鸡蛋…3个
蟹肉棒…3根
洋葱…1/4个
A｜ 蘸面汁（2倍浓缩）
　　 …1/4杯
　｜ 水…1/4杯
小葱（切碎、选用）…适量

| 做法 |

1 撕开蟹肉棒，洋葱切片，鸡蛋打散。

2 将洋葱和材料 A 放入平底锅中煮两三分钟，加入蟹肉棒。

3 均匀淋蛋液，盖上盖子煮一两分钟后关火。盖着盖子闷到想要的硬度，装盘后撒小葱。

8分钟 完成

10分钟 完成

将鸡蛋加热到喜欢的硬度 〔甜辣〕

照烧鸡蛋五花肉

1人份 188千卡／盐分0.8克

| 材料·2~3人份 |

鸡蛋…3个
猪五花肉…2片
色拉油…1/2小勺
A｜ 酱油、味酥…各2小勺
　｜ 料酒…1小勺
　｜ 白砂糖…1/2小勺

| 做法 |

1 猪五花肉切成 7 厘米长段。

2 平底锅中倒入色拉油，中火加热。放猪五花肉迅速煎透两面。

3 在每片肉上打一个鸡蛋，加 2 大勺水后盖上盖子，中火煮两三分钟，加材料 A 煮入味。

足量

〔创新〕

可以用培根或叉烧代替猪五花肉。

用微波炉加热时要随时注意情况 `咸味`

微波炉茶碗蒸

1人份 49 千卡 / 盐分 1.3 克

| 材料·4～5人份 |

鱼糕…5片
舞茸…2片
沙拉鸡肉…2片

A
| 鸡蛋…3个
| 水…1½杯
| 日式高汤颗粒…1小勺
| 盐…1/3小勺
| 料酒…1小勺

烹饪要点

鸡蛋会激烈沸腾，用微波炉加热时要随时关注。

| 做法 |

1 舞茸切片，沙拉鸡肉切成适口大小。将鱼糕、舞茸、沙拉鸡肉分成等份后放入较深的耐热容器中。
2 轻轻搅拌材料A，不要打出泡沫，过滤后倒入步骤1的材料中。盖上保鲜膜，用微波炉500瓦加热1分20秒～1分40秒。中途注意调整容器位置，防止加热不均。用竹扦扎透不再流出液体后完成。如果加热时间不够，每次增加10秒。

火腿芝士的组合，可以放在便当中 `咸味`

火腿芝士煎蛋卷

1人份 243 千卡 / 盐分 2.0 克

| 材料·4～5人份 |

鸡蛋…4个

A
| 盐…1撮
| 料酒、白砂糖
| …各1小勺
火腿…10片
芝士…7½片
色拉油…少许

| 做法 |

1 鸡蛋打散，加材料A搅拌。
2 平底锅中倒入色拉油，中火加热，倒入1/5的蛋液做煎鸡蛋。用同样的方法做5份，散热。
3 在每一个煎鸡蛋上放2片火腿和1½片芝士，卷好后切成适口大小。

微波炉

冷藏 2～3日
不可冷冻

冷藏 2～3日
冷冻 4周

平底锅

快速

5分钟
完成

快速翻炒，让鸡蛋更加松软 `酱油`

韭菜炒鸡蛋

1人份 99 千卡／盐分 1.0 克

| 材料·2～3人份 |

鸡蛋…3个
韭菜…1/3把
盐、胡椒…各少许
香油…1/2大勺
A ┬ 鸡精…1小勺
  └ 酱油…1/2小勺

| 做法 |

1 鸡蛋打散，撒盐、胡椒。韭菜切成 4 厘米长的段。

2 平底锅中倒入香油，中火加热，快速炒韭菜。加入蛋液后迅速翻炒，加材料 A 调味。

10分钟
完成

猪肉馅和泡菜的味道让人欲罢不能 `辛辣`

蛋包泡菜

1人份 142 千卡／盐分 0.6 克

| 材料·2～3人份 |

鸡蛋…3个
猪肉馅…50克
A ┬ 白菜泡菜…30克
  │ 料酒…1/2大勺
  └ 酱油…1/2小勺
香油…1/2大勺
嫩菜叶等（根据个人口味）
…适量

| 做法 |

1 鸡蛋中加材料 A 搅拌（白菜泡菜切碎）。

2 平底锅中倒入香油，中火将猪肉馅炒熟后加步骤 1 的材料混合均匀。鸡蛋半熟后调小火，将鸡蛋做成圆饼形，切成适口大小后装盘，根据个人口味配嫩菜叶等。

足量

制作简单的微波炉料理 酱油

微波炉炒蛋和肉松

1人份 234千卡 / 盐分 1.4克

| 材料·4~5人份 |

鸡蛋…4个

A ┤ 盐…2撮
  │ 料酒…1/2大勺
  │ 白砂糖…1大勺

鸡肉馅…400克

B ┤ 料酒…1大勺
  │ 酱油…2大勺
  │ 白砂糖…1大勺
  │ 姜末…1小勺

| 做法 |

1 鸡蛋打散后加材料A搅拌均匀，放入耐热容器中，盖上保鲜膜后用微波炉加热2分钟。取出搅拌后继续加热2分钟左右，每隔一分钟搅拌一次。

2 在另一耐热容器中装入鸡肉馅和材料B，盖上保鲜膜后用微波炉加热2分钟。搅拌一次，然后继续加热4分钟左右，中间搅拌一两次。

3 散热后分别装在不同的保存容器中保存。

加入蚝油更加醇香 浓郁

调味鸡蛋

1人份 79千卡 / 盐分 0.8克

| 材料·方便制作的量，8个 |

煮鸡蛋…8个

A ┤ 酱油…2大勺
  │ 蚝油…1大勺
  │ 鸡精…1小勺
  │ 水…2大勺

| 做法 |

将材料A放入保鲜袋中混合均匀，加入煮鸡蛋，让调味汁包裹整个鸡蛋。抽出空气后扎紧袋口，腌制半日以上。

创新

可以用韩国辣酱代替蚝油，做成韩式调味鸡蛋。

微波炉

冷藏3日
冷冻4周

冷藏3~4日
不可冷冻

凉拌和调味

159

快速

7分钟
完成

牛油果和半熟鸡蛋上的黑胡椒是关键 咸味

牛油果鸡蛋

1人份 197 千卡 / 盐分 0.5 克

| 材料·2~3人份 |

鸡蛋…3个
牛油果…1个
橄榄油…1小勺
盐、黑胡椒碎…各少许
蛋黄酱…适量

| 做法 |

1 牛油果纵向切成两半，去核、去皮，切成1厘米厚的片。

2 平底锅中倒入橄榄油，中火加热，牛油果分成3等份，上面分别打1个鸡蛋，加入1/4杯水，盖上盖子蒸。

3 撒盐、黑胡椒碎，装盘后淋蛋黄酱。

10分钟
完成

下饭黄金组合 味噌

味噌肉馅炒煮鸡蛋

1人份 161 千卡 / 盐分 1.4 克

| 材料·2~3人份 |

煮鸡蛋…3个
鸡肉馅…100克
蘑菇…1/2袋

A
味噌、料酒…各1大勺
酱油…1/2大勺
白砂糖…1/2小勺
姜末…1/2小勺

| 做法 |

1 蘑菇去根后撕开。

2 将鸡肉馅、材料A和蘑菇放入平底锅，中火翻炒熟后加入煮鸡蛋。用木铲将煮鸡蛋切成两半，搅拌均匀。

足量

创新

用猪肉馅代替鸡肉馅也可以。

用甜椒让蛋包饭色彩更加鲜艳 (咸味)

西班牙甜椒金枪鱼蛋包饭

1人份 115 千卡 / 盐分 1.5 克

| 材料 · 4 ~ 5人份 |

A
├ 鸡蛋…5个
├ 牛奶…1/2大勺
├ 盐…1/4小勺
└ 胡椒…少许
红甜椒…1/3个
金枪鱼罐头…1罐（70克）
橄榄油…适量
番茄酱（根据个人口味）
　…适量

| 做法 |

1 红甜椒纵向切成两半后切丝。金枪鱼罐头倒掉汤汁后和材料A、红甜椒混合，倒入涂抹橄榄油的平底耐热容器中。

2 盖上保鲜膜后用微波炉加 8 ~ 12 分钟。中途注意移动位置，防止加热不均，注意观察。

3 散热后从容器中取出、切块。食用时根据个人口味配番茄酱。

微波炉

冷藏 2~3 日
冷冻 4 周

油豆腐充分入味后和鸡蛋搭配和谐 (酱油)

油豆腐宝袋

1人份 130 千卡 / 盐分 0.6 克

| 材料 · 4 ~ 5人份 |

鸡蛋…4个
油豆腐片…2½片
大葱…1/2根

A
├ 水、蘸面汁（2倍浓缩）
├ 　…各1/2杯
└ 姜末…少许

| 做法 |

1 油豆腐片铺平，切成两半后做成袋状。大葱切碎。

2 将大葱装入油豆腐袋子中，倒入打散的鸡蛋液至七分满。用牙签封口。

3 将材料A倒入平底锅中，油豆腐袋口朝上放入。中火煮沸后小火煮 6 ~ 8 分钟，中途要上下翻面。

冷藏 2~3 日
不可冷冻

平底锅

161

豆腐

快手菜

快速

襄荷与橄榄油搭配和谐 `酱油`

番茄生姜凉拌豆腐

1人份 121千卡 / 盐分 0.9克

| 材料·2~3人份 |

绢豆腐…1块（350克）
番茄…1个
襄荷…1个
姜末…1小勺
橄榄油、酱油…各1大勺

| 做法 |

1 绢豆腐切成两三等份，分别装盘。
2 番茄切成1厘米见方的块，襄荷切碎后与姜末混合。
3 将步骤 2 的材料盖在豆腐上，淋酱油和橄榄油。

创新

加入金枪鱼后味道更加醇厚。

5分钟完成

足量

12分钟完成

小松菜脆脆的口感是亮点 `香料`

咖喱豆腐烩菜

1人份 199千卡 / 盐分 2.0克

| 材料·2~3人份 |

木棉豆腐…1块（350克）
小松菜…2棵
叉烧（薄片、市售）…2片
鸡蛋…1个
香油…1/2大勺
A
├ 酱油…1½大勺
├ 味醂…1大勺
├ 白砂糖、咖喱粉…各1小勺
└ 蒜末…1/2小勺

| 做法 |

1 小松菜切成4厘米长的段，叉烧切成1厘米宽的条。豆腐去除水分后切大块。
2 平底锅中倒入香油，中火加热，放入豆腐和叉烧，豆腐变色后加入蛋液翻炒。
3 加入小松菜迅速炒软后加材料 A 搅拌均匀。

烹饪要点

豆腐放入耐热容器，不盖保鲜膜，用微波炉加热3分钟，可快速去除水分。

用大豆做成的豆腐富含植物蛋白。
是低热量食物，适合减肥，且物美价廉。

常备菜

口感不错的健康菜品 咸味

微波炉豆腐肉卷

1人份 213 千卡 / 盐分 0.5 克

| 材料·4～5人份 |

木棉豆腐…2块（700克）
猪肉片（涮锅用）…200克
盐…少许
A｛ 料酒…2大勺
　 姜末…1小勺
酸橙酱油、调料（根据个人
　口味）…各适量

| 做法 |

1 豆腐切成长方形，充分
擦干水分，用猪肉片卷起。
2 摆在耐热容器中，放入
材料A，撒盐。盖上保鲜
膜后用微波炉加热6分钟
左右。充分沥干水分后保存。
食用时根据个人口味加调
料，淋酸橙酱油。

微波炉

冷藏 2~3日
不可冷冻

自己做特别好吃 咸味

胡萝卜炸豆腐丸子

1人份 124 千卡 / 盐分 0.3 克

| 材料·4～5人份 |

木棉豆腐…2块（700克）
胡萝卜…1/3根
大葱碎…1/3根
盐…1撮
淀粉…1大勺
色拉油…适量
酸橙酱油（根据个人口味）
　…适量

| 做法 |

1 豆腐焯水后用厨房纸巾
擦干。胡萝卜用削皮器削成
细丝，撒盐揉搓，倒掉汤汁。
2 将步骤1的材料、大葱
碎和淀粉放入碗中充分搅
拌，分成5等份，团成扁
圆形丸子。
3 平底锅中倒入2厘米深
的油，中小火加热，放入丸
子煎炸。因为食材柔软，要
尽量避免碰触。翻面，炸
15分钟左右，炸至焦黄色。
食用时根据个人口味淋酸
橙酱油。

冷藏 2~3日
不可冷冻

平底锅

快速

搅拌时尽量不压碎豆腐 （爽口）

酸橙酱油炸豆腐毛豆和金枪鱼

1人份 96 千卡 / 盐分 0.3 克

5分钟
完成

| 材料·2～3人份 |

木棉豆腐…1/2块（175克）
毛豆（冷冻、带壳）
　…50克（净重）
金枪鱼罐头…1/2罐（35克）
酸橙酱油…1大勺

| 做法 |

1 用厨房纸巾包住豆腐吸干水分，分成2厘米见方的块，用厨房纸巾擦净多余水分。剥毛豆。

2 将豆腐、毛豆、沥干汤汁的金枪鱼和酸橙酱油放入碗中轻轻拌匀，注意不要压碎豆腐。

15分钟
完成

舞茸的香味很适合西式调味 （浓郁）

煎豆腐淋舞茸火腿酱

1人份 167 千卡 / 盐分 1.3 克

足量

| 材料·2～3人份 |

木棉豆腐…1块（350克）
舞茸…1袋
火腿…2片
面粉…适量
黄油…8克
　　番茄酱、水…各2大勺
A　伍斯特酱、料酒
　　　…各1大勺
干欧芹（选用）…适量

| 做法 |

1 豆腐沥干，切成6等份后裹一层薄薄的面粉。平底锅中放入黄油，中火加热，将豆腐煎变色后装盘。

2 火腿切成8毫米宽的丝，舞茸撕成小块。

3 在平底锅里加入步骤2的材料炒两三分钟，加材料A煮沸后淋在豆腐上。撒干欧芹（选用）。

用微波炉做出地道的辣味 辛辣

麻婆豆腐

1人份 276 千卡 / 盐分 3.0 克

| 材料·4～5人份 |

木棉豆腐…2块（700克）
猪肉馅…150克
大葱…1/2根

A
水…3/4杯
甜面酱…3大勺
酱油、料酒、香油
…各2大勺
豆瓣酱…1大勺
白砂糖…2小勺
姜末、蒜末…各1小勺
鸡精…1小勺
淀粉…1大勺
（加2大勺水化开）

| 做法 |

1 大葱切碎，豆腐切成2.5
厘米见方的块，用厨房纸
巾擦干。
2 将材料A、猪肉馅和大
葱放入耐热容器中，盖上
保鲜膜后用微波炉加热15
分钟左右。肉做熟后搅拌
均匀。
3 放入豆腐，继续加热2
分钟，轻轻搅拌两三次。

微波炉

冷藏 2~3日
不可冷冻

冷藏 2~3日
不可冷冻

大受欢迎的下饭菜 酱油

炒豆腐

1人份 216 千卡 / 盐分 1.6 克

| 材料·4～5人份 |

木棉豆腐…2块（700克）
鸡肉馅…150克
扁豆…3根
干舞茸片…5克
（用热水泡开）
鸡蛋…1个
色拉油…1/2大勺

A
酱油…2大勺
味醂…1大勺
白砂糖…1/2大勺
日式高汤颗粒…1小勺
姜末…1小勺

| 做法 |

1 豆腐沥干水分，扁豆斜刀
切成小段，较大的干舞茸
片切成丝。
2 平底锅中倒入色拉油，中
火加热，将鸡肉馅翻炒变
色后加入扁豆和干舞茸翻
炒，全部过油后用手掰开豆
腐放入锅中。倒入蛋液，炒
到鸡蛋结块。
3 加材料A炒至水分蒸发。

平底锅

165

油豆腐块

快手菜

7分钟完成

生姜让味道更加清爽 〔酱油〕

微波炉油腌油豆腐块和水菜

1人份 130 千卡 / 盐分 1.5 克

| 材料·2~3人份 |

油豆腐块…1块（200克）

水菜…1/3把（60克）

　┌　蘸面汁（2倍浓缩）

A　…1/3杯

　└　水…1/3杯

姜末、干松鱼…各适量

| 做法 |

1 油豆腐块切成适口大小，水菜切成五六厘米长的段。

2 放入耐热容器中，淋材料 A。盖上保鲜膜后用微波炉加热两三分钟，装盘，撒干松鱼和姜末。

15分钟完成

黏稠的牛油果适合做成零食 〔味噌〕

油豆腐金枪鱼牛油果春卷

1人份 405 千卡 / 盐分 0.3 克

| 材料·2~3人份 |

油豆腐块…3/4块（150克）

牛油果…1个

金枪鱼罐头…1罐（70克）

味噌…1/2 ~ 1小勺

春卷皮…6张

面粉…适量

色拉油…适量

| 做法 |

1 油豆腐块用手撕成 2 厘米见方，牛油果切成月牙形，金枪鱼罐头倒掉汤汁。

2 将牛油果、油豆腐块、金枪鱼依次放在春卷皮上，放味噌后卷好，用少许水加面粉固定。

3 平底锅中倒入 2 厘米深的油，中火加热，放入春卷，炸到皮变成焦黄色。

快速

足量

代替肉类，能够带来满足感，分量十足的食材。
不需要沥干水分，可以直接使用，很方便。

常备菜

肉丸子紧紧塞进油豆腐块中，有嚼劲 酱油

蒸油豆腐夹肉馅

1人份　204千卡／盐分0.4克

| 材料·4~5人份 |
油豆腐块…2块（400克）
猪肉馅…150克
大葱…10厘米
姜末…1/2小勺
淀粉…适量
A
├ 水…1/2杯
├ 酱油…1/2大勺
├ 白砂糖、酒…各2小勺
├ 日式高汤颗粒
└ …2/3小勺

| 做法 |
1 油豆腐块切成3厘米厚
的8~10块。横切，内部
涂抹淀粉。
2 大葱切碎，与猪肉馅和
姜末混合后搅拌，塞进油
豆腐中。整体涂淀粉。
3 放在耐热盘中，淋混合
后的材料A，盖上保鲜膜
后用微波炉加热12分钟左
右，熟透即可。

微波炉

冷藏 2~3日
不可冷冻

清爽的味噌让人上瘾 酱油

紫苏炸油豆腐块

1人份　167千卡／盐分1.0克

| 材料·4~5人份 |
油豆腐块…2块（400克）
青紫苏…10片
A
├ 酱油…2大勺
├ 料酒…1小勺
└ 姜末…1小勺
淀粉…适量
色拉油…适量

| 做法 |
1 油豆腐块切成4厘米见
方的小块，青紫苏撕成1.5
厘米见方的片。
2 在混合均匀的材料A中
加步骤1的材料搅拌，在
油豆腐块上放青紫苏，裹
一层淀粉。
3 平底锅中倒入2厘米深
的油，中火加热，放入油豆
腐块炸3~5分钟。

冷藏 2~3日
不可冷冻

平底锅

油豆腐片

快速

能够迅速完成的简单零食 浓郁

梅干紫苏芝士油豆腐

1人份 170 千卡 / 盐分 2.5 克

| 材料·2人份 |

油豆腐片…2片
梅干（去核、压扁）…1个
洋葱…1/4个
芝士…60克
青紫苏…1片

| 做法 |

1 洋葱切片。
2 将油豆腐片放在铝箔纸上，涂一层梅肉，放洋葱、芝士后用烤箱烤5～8分钟，烤到芝士化开。切成适口大小，撒撕碎的青紫苏。

创新

可以放培根和青椒，涂番茄酱做成比萨的样子。

10分钟完成

10分钟完成

足量

烤肉酱和茄子是绝配 甜辣

烤肉酱油豆腐炒茄子

1人份 70 千卡 / 盐分 1.0 克

| 材料·2～3人份 |

油豆腐片…1片
茄子…2个
香油…1/2大勺
烤肉酱（市售）…2大勺

| 做法 |

1 油豆腐片切成1厘米宽的条，茄子纵向分成6～8等份。
2 平底锅中倒入香油，中火加热，翻炒油豆腐和茄子。
3 加入烤肉酱翻炒。

容易入味，非常适合做日式煮菜。
加入家常菜中，油豆腐中的油能够让味道更加醇厚。

只需加入油豆腐，立刻变成日式料理 爽口

日式圆白菜丝凉拌油豆腐

1人份 74 千卡 / 盐分 0.4 克

| 材料·4～5人份 |
油豆腐片…1片
圆白菜…1/3个（400克）
盐…1/4 小勺
A
｜ 醋、色拉油
｜　…各2/3大勺
｜ 蛋黄酱…1½大勺
｜ 炒白芝麻…2/3小勺
｜ 白砂糖…1撮

| 做法 |
1 油豆腐片纵向切成两半，然后切成5毫米宽的丝。放入耐热容器中，盖上保鲜膜后用微波炉加热30秒左右，用厨房纸巾吸干多余油分。
2 圆白菜切丝后加盐揉搓，静置3～5分钟后拧干水分。
3 将材料A、步骤1和步骤2的材料拌匀。

微波炉

冷藏 2~3日
不可冷冻

色彩鲜艳的常备菜 酱油

裙带菜鸡肉馅信田卷

1人份 187 千卡 / 盐分 1.6 克

| 材料·4～5人份 |
油豆腐片…4片
鸡肉馅…300克
大葱…1/3根
胡萝卜…1/4根
裙带菜片（干燥）…2克
淀粉…适量
A
｜ 盐…1撮
｜ 姜末…1小勺
B
｜ 蘸面汁（2倍浓缩）、水
｜　…各1/2杯
｜ 白砂糖…1小勺
淀粉…1大勺（加1大勺水化开）

| 做法 |
1 将3片油豆腐片切成5毫米见方的碎，剩余的1片内侧涂淀粉。
2 大葱切碎，裙带菜用热水泡开后拧干水分，切碎。胡萝卜切丝，与鸡肉馅、材料A、切碎的油豆腐搅拌均匀，分成4等份后装入步骤1的油豆腐片中，卷起，边缘用牙签固定。
3 平底锅中放入材料B，中火加热，放入油豆腐卷，盖上盖子煮10分钟，注意翻面。汤汁变少后渐渐加水。加入水淀粉增加黏稠度。

冷藏 3~4日
冷冻 7周

平底锅

专栏7 午餐! 便当! 意大利面食谱

意大利面能迅速完成,吃起来超满足,很适合作为休息日的午餐。
做成西式和日式,种类能够无限增加。

快手菜 ※烹饪时间以可快速煮熟的意大利面为准

10分钟完成

番茄配金枪鱼的常规组合　1人份　555千卡／盐分2.9克

番茄金枪鱼意面

| 材料·2人份 |

意大利面…160～200克
番茄…2个
洋葱…1/2个
金枪鱼罐头…1罐（70克）
橄榄油…1½大勺
蒜末…1/2小勺
盐…少许
干罗勒、芝士粉（根据个人口味）
…各适量

| 做法 |

1 番茄切成1.5厘米见方的块,洋葱切片,金枪鱼罐头倒掉汤汁。

2 平底锅中倒入橄榄油,中火加热,加入洋葱炒2～4分钟。加入番茄、蒜末和金枪鱼迅速翻炒,关火。

3 在沸水中加盐（材料外）,按照包装袋上的时间煮意大利面。

4 将意大利面放入平底锅中迅速翻炒,加盐调味。装盘,根据个人口味撒干罗勒和芝士粉。

蘑菇和酱油搭配和谐　1人份　624千卡／盐分4.4克

肉馅蘑菇日式意大利面

| 材料·2人份 |

意大利面…160～200克
猪肉馅…150克
口蘑…1/2袋（50克）
蘑菇…3个
大葱…1/3根
橄榄油…1½大勺
A ┌ 酱油…1⅓大勺
　│ 料酒…1大勺
　│ 蒜末…1/2小勺
　└ 清高汤颗粒…1/3小勺
萝卜苗（根据个人口味）…适量

| 做法 |

1 口蘑去蒂后撕开。蘑菇切片,大葱切碎。

2 平底锅中倒入橄榄油,中火加热,加入猪肉馅翻炒变色后加步骤1的材料翻炒,然后加材料A迅速翻炒。

3 沸水中加盐（材料外）,按照包装袋上的时间煮意大利面。

4 将意大利面放入平底锅中迅速翻炒,装盘。根据个人口味撒萝卜苗。

10分钟完成

用牛奶代替鲜奶油更方便　1人份　664千卡／盐分4.1克

温泉蛋培根蛋酱意大利面

| 材料·2人份 |

意大利面…160～200克
培根…2片
洋葱…1/3个
黄油…10克
A ┌ 牛奶…1杯
　│ 芝士粉…4大勺
　│ 淀粉…1小勺
　│ （加1小勺水化开）
　└ 盐…少许
温泉蛋（市售）…2个
黑胡椒碎、芝士粉…各适量

| 做法 |

1 培根切成1厘米宽的丝,洋葱切片。

2 平底锅中加入黄油,中火加热,放入培根和洋葱炒两三分钟。加材料A搅拌,关火。

3 沸水中加盐（材料外）,按照包装袋上的时间煮意大利面。

4 将意大利面放入平底锅中迅速翻炒。装盘后放温泉蛋,撒芝士粉和黑胡椒碎。

10分钟完成

冷藏 2 日
冷冻 4 周

能够迅速完成，味道浓厚　1人份　763 千卡 / 盐分 3.4 克

肉酱意大利面

| 材料·2人份 |

意大利面…160 ~ 200 克
混合肉馅…250 克
洋葱…1/4 个
橄榄油…1 大勺
A 水煮番茄罐头…1½ 杯
盐…1/4 小勺
胡椒、白砂糖…各少许
芝士粉…1 大勺
干欧芹…适量

| 做法 |

1 洋葱切碎。
2 平底锅中不加油，翻炒肉馅，油脂渗出后用厨房纸巾擦掉。加 1/2 大勺橄榄油和洋葱后炒两三分钟，加材料 A，盖上盖子中火煮沸后小火煮 15 分钟。
3 沸水中加盐（材料外），按照包装袋上的时间煮意大利面。
4 将意大利面放入平底锅中迅速翻炒，撒芝士粉和干欧芹。

男生也能吃饱　1人份　756 千卡 / 盐分 5.0 克

牛肉舞茸意大利面

| 材料·2人份 |

意大利面…160 ~ 200 克
牛碎肉…200 克
舞茸…1 袋
盐、胡椒…各少许
橄榄油…1½ 大勺
A 酱油…1½ 大勺
料酒…1 大勺
日式高汤颗粒…1/2 小勺

| 做法 |

1 牛碎肉撒盐和胡椒，舞茸撕碎。
2 平底锅中倒 1 大勺橄榄油，油热后炒牛碎肉，变色后加入舞茸炒软，加材料 A 迅速翻炒后关火。
3 沸水中加盐（材料外），按照包装袋上的时间煮意大利面，盛出后淋 1/2 大勺橄榄油拌匀。
4 将意大利面放入平底锅中迅速翻炒。

冷藏 2 日
冷冻 4 周

冷藏 2 日
冷冻 4 周

醇厚的酱汁裹在通心粉上　1人份　571 千卡 / 盐分 3.8 克

茄子培根番茄酱通心粉

| 材料·2人份 |

通心粉…160 ~ 200 克
茄子…1 根
培根…2 片
橄榄油…1½ 大勺
A 水煮番茄罐头…1 杯
牛奶…1/4 杯
芝士粉…2 大勺
蒜末…1/2 小勺
高汤颗粒…1/2 小勺
盐…少许
黑胡椒碎…少许

| 做法 |

1 茄子切成 8 毫米厚的圆片（如果太大，可以切成半圆形）。培根切成 1 厘米宽的条。
2 平底锅中倒 1 大勺橄榄油，中火加热后放入培根和茄子炒两三分钟，加材料 A 煮三四分钟。
3 沸水中加盐（材料外），按照包装袋上的时间煮意大利面，盛出后淋 1/2 大勺橄榄油拌匀。
4 将意大利面放入平底锅中迅速翻炒，撒黑胡椒碎。

索引 ●快手菜/●常备菜

172

图书在版编目（CIP）数据

懒人百变快手菜400款 /（日）阪下千惠著；佟凡译. —
北京：中国轻工业出版社，2022.1
ISBN 978-7-5184-3633-0

Ⅰ.①懒… Ⅱ.①阪… ②佟… Ⅲ.①菜谱
Ⅳ.① TS972.12

中国版本图书馆 CIP 数据核字（2021）第 168364 号

责任编辑：胡　佳　　责任终审：李建华
整体设计：锋尚设计　　责任校对：朱燕春　　责任监印：张京华

出版发行：中国轻工业出版社（北京东长安街6号，邮编：100740）
印　　刷：北京博海升彩色印刷有限公司
经　　销：各地新华书店
版　　次：2022年1月第1版第1次印刷
开　　本：710×1000　1/16　印张：11
字　　数：200千字
书　　号：ISBN 978-7-5184-3633-0　定价：49.80元
邮购电话：010-65241695
发行电话：010-85119835　传真：85113293
网　　址：http://www.chlip.com.cn
Email：club@chlip.com.cn
如发现图书残缺请与我社邮购联系调换
200555S1X101ZYW